深度学习与卡口车脸识别

石春鹤 著

东北大学出版社
·沈 阳·

ⓒ 石春鹤 2025

图书在版编目（CIP）数据

深度学习与卡口车脸识别／石春鹤著. -- 沈阳：东北大学出版社, 2025.7. -- ISBN 978-7-5517-3894-1

Ⅰ.TP181；U491-39

中国国家版本馆 CIP 数据核字第 2025P3466U 号

内容提要

本书系统探讨了深度学习下智能交通领域中的车脸识别技术，聚焦复杂光照条件下的特征提取、图像增强、目标检测、识别与深度学习算法应用。全书共九章：第一章概述技术背景、研究现状及车辆识别核心问题；第二、三章解析机器学习和深度学习基础理论，涵盖数据预处理、模型构建、神经网络结构及优化策略等；第四、五章针对高、低光照条件，阐述了基于深度学习的自适应图像增强算法；第六章重点突破车辆重识别技术，阐述了融合孪生深度神经网络建立目标区域的差异特征判别模型；第七、八章创新性地引入加权稀疏非负矩阵分解及双正则项约束方法，优化了特征提取与降维过程；第九章总结技术瓶颈并展望未来研究方向。全书通过多场景数据集测试和综合指标评估，验证算法在交通安防等领域的实用价值。

出 版 者：	东北大学出版社
地　　址：	沈阳市和平区文化路三号巷 11 号
邮　　编：	110819
电　　话：	024-83683655（总编室）　024-83687331（营销部）
印 刷 者：	辽宁一诺广告印务有限公司
发 行 者：	东北大学出版社
幅面尺寸：	170 mm×240 mm
印　　张：	12　　　　　　　　　　字　　数：209 千字
出版时间：	2025 年 7 月第 1 版　印刷时间：2025 年 7 月第 1 次印刷
责任编辑：	潘佳宁　　　　　　　　责任校对：杨　坤
封面设计：	潘正一　　　　　　　　责任出版：魏　巍

ISBN 978-7-5517-3894-1　　　　　　　　定　价：48.00 元

前 言

智能交通系统作为现代城市治理的核心技术支撑，正深刻改变着交通管理、公共安全及出行服务的模式。在车联网、自动驾驶技术快速发展的背景下，车辆身份的高精度识别成为智能交通领域的关键环节。然而，复杂光照条件、多尺度目标特征以及动态场景干扰等问题，使得传统车辆识别方法在鲁棒性、泛化性上面临严峻挑战。近年来，深度学习技术的突破为车脸识别提供了全新范式，但如何实现光照自适应增强、细粒度特征表达与高效模型部署，仍是学术界与工业界亟待突破的难题。

本书立足于深度学习技术前沿，以车脸识别为核心任务，系统性地探讨复杂光照场景下的图像增强、特征提取与目标识别全链路技术体系。内容覆盖从基础理论到工程实践的完整闭环，既注重算法创新性，又强调技术落地性，旨在为智能交通领域的研究者与开发者提供兼具深度与广度的参考指南。

全书共九章：第一章综述车辆识别技术的应用背景、研究现状与技术挑战，明确车脸识别的核心问题；第二、三章深入解析机器学习与深度学习的理论框架，重点剖析数据预处理、神经网络结构设计及模型优化的关键技术，为后续算法创新奠定基础；第四、五章聚焦高、低光照场景，提出基于深度学习的自适应图像增强算法，构建了数学模型，并通过多维度实验验证算法在极端光照下的鲁棒性；第六章突破车辆重识别瓶颈，提出融合孪生深度神经网络的差异特征判别模型，结合改进的 YOLOv3 检测框架，实现对车脸局部特征的细粒度挖掘；第七、八章创新性地引入加权稀疏非负矩阵分解与双正则项约束方法，通过特征基加权、稀疏性优化与聚类属性融合，显著提升特征表征的判别力与可解释性；第九章总结全书技术脉络，并展望轻量化部署等未来研究方向。

本书适用于智能交通、计算机视觉领域的研究人员、算法工程师及研究生，既可系统学习车脸识别技术体系，亦可作为解决复杂场景下目标识别问题的工具手册。未来，随着边缘计算与异构硬件的普及，车脸识别技术将进一步向实时化、轻量化演进。期待本书能为行业技术迭代提供启发，助力智能交通系统迈向更高阶的智能化阶段。

限于笔者水平，书中内容难免存在疏漏或错误之处，恳请读者批评指正。

著　者

2025 年 1 月

目　录

第一章　绪　论 ... 1
第一节　背景和意义 ... 1
第二节　国内外研究现状 ... 3
一、图像增强 ... 4
二、车辆识别主要方法 ... 11
第三节　车辆识别技术概述 ... 15
一、车辆识别技术的主要应用领域 ... 15
二、车辆识别问题的分类 ... 16
三、车脸识别技术的关键问题 ... 17
第四节　主要内容和结构 ... 18
一、主要内容 ... 18
二、本书结构 ... 20

第二章　机器学习基础 ... 21
第一节　机器学习概述 ... 21
一、机器学习定义与基本术语 ... 21
二、机器学习的三要素 ... 24
三、机器学习方法概述 ... 29
第二节　数据预处理 ... 33
一、数据清洗 ... 33
二、数据集拆分 ... 35
三、数据集不平衡 ... 37
第三节　特征工程 ... 38

一、特征编码 38
　　二、特征选择 40
　　三、降维算法 41
　　四、特征标准化 45
　第四节　模型评估 46
　第五节　本章小结 49

第三章　深度学习基础 50
　第一节　深度学习发展历程 51
　第二节　感知机 53
　　一、感知机的起源 53
　　二、感知机的局限性 55
　第三节　前馈神经网络 56
　　一、神经元 57
　　二、网络结构 62
　　三、训练与预测 64
　　四、反向传播算法 67
　第四节　提升神经网络训练的技巧 69
　　一、参数更新方法 70
　　二、数据预处理 74
　　三、参数初始化 74
　　四、正则化 75
　第五节　车脸识别深度学习算法 78
　　一、图像分类深度学习算法 78
　　二、目标检测深度学习算法 90
　　三、语义分割深度学习算法 95
　第六节　本章小结 98

第四章　高光照条件下图像自适应增强算法 100
　第一节　概述 100
　第二节　基于深度学习的增强算法 101
　第三节　高光照图像增强算法 103
　　一、白天高光照图像增强算法 103
　　二、夜晚高光照图像增强算法 106

第四节　增强算法的数学模型 …………………………………… 109
　　一、基于深度学习去除镜面反射算法 ……………………… 109
　　二、伽马校正算法 …………………………………………… 110
　　三、MSRCR 算法 …………………………………………… 110
第五节　实验结果与分析 ………………………………………… 111
　　一、实验数据集 ……………………………………………… 111
　　二、图像质量评价指标 ……………………………………… 111
　　三、实验结果与分析 ………………………………………… 112
第六节　本章小结 ………………………………………………… 114

第五章　低光照条件下图像自适应增强算法 …………………… 115

第一节　概述 ……………………………………………………… 115
第二节　基于深度学习的增强算法 ……………………………… 116
　　一、交通治安卡口图像分析 ………………………………… 117
　　二、图像分类器设计 ………………………………………… 118
第三节　低光照条件下图像增强算法 …………………………… 119
　　一、夜晚低光照图像增强算法 ……………………………… 120
　　二、白天低光照图像增强算法 ……………………………… 124
第四节　增强算法的数学模型 …………………………………… 126
　　一、白天低光条件下增强算法 ……………………………… 126
　　二、自适应直方图均衡化算法 ……………………………… 128
第五节　图像质量衡量指标 ……………………………………… 128
　　一、结构相似性度量算法 …………………………………… 128
　　二、归一化互信息算法 ……………………………………… 129
　　三、感知哈希算法 …………………………………………… 130
　　四、综合加权评价指标 ……………………………………… 130
第六节　实验结果与分析 ………………………………………… 130
第七节　本章小结 ………………………………………………… 134

第六章　基于融合孪生深度神经网络的车辆重识别算法 …… 135

第一节　概述 ……………………………………………………… 135
第二节　算法分析 ………………………………………………… 136
第三节　YFSDNN 车辆重识别 …………………………………… 137
　　一、改进的 YOLOv3 车辆目标检测算法 …………………… 137

二、改进的孪生网络车辆重识别算法 …………………………… 138
　第四节　实验结果与分析 ……………………………………………… 141
　第五节　本章小结 ……………………………………………………… 143

第七章　基于加权稀疏非负矩阵分解的车脸识别算法 ………… 144
　第一节　概述 …………………………………………………………… 144
　第二节　监控视频采集图像预处理 …………………………………… 145
　第三节　多光强条件下初始特征自适应提取 ………………………… 147
　第四节　基于 WSNMF 的识别模型 …………………………………… 148
　第五节　基于梯度下降的模型求解 …………………………………… 149
　第六节　实验结果与分析 ……………………………………………… 151
　　一、实验数据集 ……………………………………………………… 151
　　二、模型参数的确定 ………………………………………………… 151
　　三、算法比较及分析 ………………………………………………… 153
　第七节　本章小结 ……………………………………………………… 154

第八章　基于双正则项加权非负矩阵分解的车脸识别算法 …… 155
　第一节　概述 …………………………………………………………… 155
　第二节　图像特征提取 ………………………………………………… 156
　第三节　基于改进 NMF 的特征降维 ………………………………… 158
　　一、特征基加权约束 ………………………………………………… 159
　　二、权重稀疏性约束 ………………………………………………… 159
　　三、聚类属性约束 …………………………………………………… 159
　第四节　基于投影梯度法的目标函数解 ……………………………… 161
　第五节　实验结果与分析 ……………………………………………… 163
　　一、数据集 …………………………………………………………… 163
　　二、模型参数的确定 ………………………………………………… 163
　　三、算法比较与分析 ………………………………………………… 166
　第六节　本章小结 ……………………………………………………… 169

第九章　总结和展望 ……………………………………………………… 170
　一、总结 ………………………………………………………………… 170
　二、展望 ………………………………………………………………… 171

参考文献 ………………………………………………………………… 172

第一章 绪 论

◆ 第一节 背景和意义

随着社会的不断发展进步，汽车行业正以令人惊叹的速度发展，我国机动车辆保有量日益增多。根据公安部网站发布的数据，截至2024年末，我国的机动车保有量达4.53亿辆，2024年全国新注册登记机动车3583万辆，较2023年增加104万辆，增长2.98%。自2015年以来，机动车新注册登记量已连续10年超过3000万辆。这样的体量和增速给本就压力重重的道路交通带来了巨大的挑战，庞大的车流量也带来了交通堵塞、交通犯罪事件频发等问题。现阶段虽然采用的车牌号码识别技术相对成熟，但现实中依然存在遮挡号牌、套牌、无牌照及污损号牌等情况，给交通管理及安全带来了诸多麻烦和极大的安全隐患。为了解决只依靠车牌识别无法验证车辆信息的问题，车脸作为更清晰明确的目标，是车辆识别的一种极好的选择，最终也能够实现车辆识别的功能，进而实现方便车辆管理的目的。

近年来，随着计算机技术和图像处理技术的快速发展，大数据、人工智能、深度学习研究的不断深入，车脸识别技术也得到了迅猛发展，受到了学者们的更多关注。在全球研究者的共同努力和探索下，目前关于车脸识别新的算法、思想和技术不断推陈出新，许多国际学术期刊及有影响力的国际会议发表了大量关于车脸识别的学术论文，有力推动了这一研究领域的技术发展。车脸识别涉及机器学习、图像处理、模式识别等诸多技术，研究和发展涵盖了计算机视觉、人工智能、计算机图形学等学科领域，作为模式识别和人工智能领域最具挑战性的难题之一，车脸识别是认知领域的前沿算法，其发展和完善在理论上有助于促进认知科学的发展，在实际应用中可以改善人机交互环境，从而在一定程度上改变人们的生活方式，所以这一研究还具有重要的现实意义和实用价值。

智能交通系统(Intelligent Transportation System，ITS)[1]作为一种先进的综合交通管理系统，可以方便快捷地管理交通。智能交通系统的本质是利用科学技术改造道路运输管理系统，使目前的道路交通设施能最大限度地发挥出其应有的价值，保障道路交通的安全性。交通治安卡口是交通监管部门在城市重要路段、节点以及高速公路的出入口处建立的带有监管性质的特殊设施。交通治安卡口系统主要通过摄像机采集的图像，对获取的车牌进行识别，进而锁定目标车辆[2]。但目前的车辆管理系统只包含车辆的车牌号码、车身颜色、行驶速度等信息，而车辆的其他信息，如车辆的前部(也称为车脸)特征并不保存。在很多情况下当涉及违法犯罪车辆时，犯罪嫌疑人为了逃避交通监管，往往采取套牌、遮挡车牌、破坏车牌甚至直接伪造车牌等手段。这些情况下无法对车牌进行有效识别，也就不能为相关管理部门提供有效的信息。这样的恶意行为，严重影响了交通秩序，侵害了国家和他人的合法权益，增加了交管部门日常管理工作的难度，其社会危害性极大。因此，如果能通过交通治安卡口获取的车辆图像，通过车辆的其他特征(如车脸)实现对过往车辆多维度的识别，判断其相关信息[3-4]，这无疑将对交通治安部门取缔违法套牌车辆、追踪犯罪嫌疑人的工作带来巨大帮助。作为现代交通管理的智能交通系统迫切需要解决这些问题。把计算机视觉和模式识别为主的智能图像处理技术与先进的硬件技术紧密结合融入智能交通系统中，以期提高交通管理的效率，已经成为智能交通系统的一个重要发展方向[5]。

车脸识别依赖智能交通系统中交通卡口监控摄像机采集到的图像。一方面，在实际情况中，由于其全天候、不间断的工作特点，采集到的车辆图像容易受到各种复杂因素的影响，如光照变化、天气条件(雨、雪、雾霾等)等自然因素，车速不同、拍摄角度等非自然因素，以及车牌自身带有不同程度的褪色、老旧、污渍、扭曲等问题，这些对图像质量都有相当大的影响，进而影响识别准确率。另一方面，人工识别的效率低，并且不能长时间持续有效地对车辆进行检测和识别，已经成为提升识别率的瓶颈。因此，针对复杂条件下的车脸识别，建立有效可靠的图像增强和特征提取模型是车脸识别的关键技术问题。现有的车脸识别算法通常采用图像特征提取，之后对图像特征进行分类和识别。针对图像特征提取的方法绝大多数还是沿袭传统的特征提取方法和手段，图像特征主要分为：边缘特征、角特征、区域特征、脊特征。这些方法的计算复杂度较高，效率较低。从 2012 年之后，Hinton 教授在 ImageNet 图像识别比赛中，采用深度卷积神经网络（Convolutional Neural Network，CNN）技术之后，首次摒弃了需要人工定义的基本特征，直接输入图像，计算机就可以自动学习图像特征，并且取得了非常优异的效果，甚至超越了人类的识别精度，受到了广泛的关注，从而深度学习技术被广泛应用在各种分类识别领域中。

在此背景下，基于深度学习技术，本书重点介绍了在复杂条件下的交通卡口车脸图像的识别问题。首先，针对交通治安卡口拍摄到的不同光照条件下的图像，叙述了高光照和低光照两类极端条件下不同图像的特征，提出了不同条件下的自适应图像增强算法；其次，针对同类车型，各车车脸区域存在巨大差异的情况，叙述了 YOLOv3 和孪生网络，提出了基于 YOLOv3 和孪生网络的目标识别算法；再次，针对复杂环境下提高车脸识别准确率的问题，叙述了车脸特征相似性与车牌信息一致性的关系，提出了一种基于非负矩阵分解的识别算法；最后，针对车辆图像中的关键区域特征信息差异小的问题，提出了基于双正则加权的非负矩阵分解算法，该算法不仅具有较高的识别率，同时具有较好的实时性及鲁棒性。通过实验对书中所提出的方法进行了逐一验证，取得了具有一定价值的成果。

◆ 第二节　国内外研究现状

交通治安卡口监控摄像机图像的车辆识别是关键的应用之一。目前各城市的监控网络覆盖率越来越高，已经为车辆识别奠定了坚实的基础。从 20 世纪 70 年代至今，国内外众多学者对于基于交通治安卡口监控摄像机拍摄图像进行车辆识别开展了广泛而深入的研究，取得了颇具价值的研究成果。

针对目前车脸识别方法中涉及的关键方法，本节分别从图像增强和车辆识别两个方面，简要地介绍国内外的研究现状，并分析它们的优势与不足，从而引出本书介绍的关键问题以及主要研究内容。

一、图像增强

自20世纪90年代开始，通过国内外学者的不懈努力，涌现出众多高效的图像增强算法。图像增强是目标识别、目标跟踪、特征点匹配、图像融合和超分辨率重构等图像处理算法的预处理算法。图像增强作为图像处理的一个古老而重要的分支，在不断变化的应用需求面前，也在不断更新其研究目标和发展其增强处理方法技术。

图像增强是指按照特定的某种需求，有目的地强调图像的整体或局部特征，将原来不清晰的图像变得清晰或强调某些感兴趣的特征，扩大图像中不同物体特征之间的差别，抑制不感兴趣的特征，使之改善图像质量、丰富信息量，加强图像判读和识别效果，满足某些特殊分析的需要。图像增强的目的是使处理后的图像更适合人眼的视觉特性或方便进行机器识别。

（一）作用域分类

图像增强根据其变换处理所在的作用域不同而被分为空域和频域两大类方法。由于具体的应用目的不同，图像增强使用的方法和内容也不尽相同，但图像增强处理的各目标和方法并不互相排斥，某些应用中需要同时联合几种方法来实现最好的增强效果。

1. 空域增强

空域增强通常包含图像灰度级变换、图像直方变换、直方图均衡以及使用模糊逻辑和基于优化的增强算法等。空域增强方法按处理策略的差异，又可分为两类：全局一致性和局部自适应。全局一致性方法只对图像空间像素值进行统一的调整，并未考虑像素点在空间中的分布特性，此方法较为简单；局部自适应方法主要针对图像局部对比度、边缘等特殊区域信息进行增强，较复杂。

文献[6]对空域增强方法进行比较和概括，其中，灰度变换对比度处理方法（包括线性函数）是指利用正比或反比对灰度值进行增强；对数变换是将输入图像中较窄带的低灰度值映射为较宽带的输出灰度值；图像边缘增强基于模糊逻辑和模糊理论的边缘检测法、边缘锐化等；另外还有色彩感知一致性增强、几何校正、伽马（Gamma）校正等。直方图均衡算法（Histogram Equalization，HE）是图像增强理论中对比度变换调整最典型的方法[7]，该方法是空域增强中最常用、最简单有效的方法之一，其采用灰度统计特征,将原始图像中的灰度直方图从较为集中的某个灰度区间转变为均匀分布于整个灰度区域范围。全局直方图均衡方法的主要优点是算法简单、速度快,可自动增强图像,此方法的缺点是对噪声敏感、细节信息容易丢失,在某些结果区域产生过度增强问题,且对比度增强的力度相对较低[8]。局部直方图均衡的主要优点是能够局部自适应,可最大限度地增强图像细节,其缺点是增强图像质量操控困难,并会引入噪声[9]。空域滤波在原图像像素空间中逐点移动模板进行滤波处理。根据空域滤波图像增强的具体应用目的,常见的滤波有用于平滑处理的邻域内像素算术平均的均值滤波。中值滤波是选取模板邻域内像素序列的中值替代相应的像素值,应用于图像平滑处理,简单易行且效果较好。

2. 频域增强

频域图像增强方法从本质上讲是一种间接对图像进行变换处理的方法。傅里叶的《热分析理论》是其最早的变换理论,周期函数表达可由不同频率和不同倍乘系数表达的正/余弦和形式表征[10]。近年来,随着图像处理应用技术的不断发展,频率域变换方法在小波变换的基础上,具有更高的精度及更好的稀疏表达特性,Curvelet 和 Contourlet 变换更适合表达图像的边缘轮廓信息。这些超小波变换都是基于变换域的新型多尺度分析方法,在图像对比度增强、降噪、图像融合与分割等方面得到了广泛的应用[11]。

3. 基于融合增强

上述两类方法都是从图像本身出发来完成单一的图像增强,但对于原始图像蕴含信息量不够的情况,特别是由光照、曝光度等造成部分区域信息缺失较多时,仅靠原始图像不足以实现整幅图像增强。近年来,许多学者对融合多图像增强提出了许多新的方法和思路。主要包括基于多传感器图像融合增强[12]。其中基于直接图像域的权值调整方法取得了较明显的增强效果,但在细节上有模糊化痕迹,并且其依赖图像精确校准和场景完全静态的假设;基于小波、Curvelet 变换以及 Contourlet 变换等频率域多尺度方法融合增强后图像细节保留得更好;连续多次曝光图像融合增强,即高动态范围(High-Dynamic Range,HDR)是图像增强应用中非常广泛的一种方法。文献[13]提出一种简单实用的高动态图像生成方法,采用连续多曝光图像序列,先对图像序列进行 Laplacian 金字塔分解,再利用图像的对比度、饱和度及曝光度等信息形成 Gaussian 金字塔权值映射图与多尺度分解后的图像进行融合,最后重建增强图像,图像细节增强较好。文献[14]利用多曝光图像在图像空间使用梯度信息评估图像质量,并联合形成融合权值系数矩阵,最终生成高质量无混淆的图像。

由于本书中所使用的车辆图像集由交通治安卡口监控摄像机拍摄的视频图像组成,车辆识别对于图像质量有着较高的要求,当条件不能满足时,需要对图像进行有效增强。由于道路条件、摄像机位置及朝向、天气条件包括光照等主要因素的影响,以上所述增强算法不是很适用,不能简单地应用到车脸识别中,有必要针对复杂光照条件特别是低光照和高光照下的车脸识别问题提出一些有效的方法,因此本书将针对该问题详述。

(二)图像增强算法

1. 基于直方图的增强算法

(1)直方图均衡算法

直方图均衡算法(Histogram Equalization,HE)是图像对比度自动增强算法之一,特点是简单有效。

假设 $I \in I(i,j)$ 表示灰度级为 L 的图像,$I(i,j)$ 表示坐标 (i,j) 处的灰度值,图像 I 灰度级的概率密度函数定义为:

$$p(k) = \frac{n_k}{N}, (k=0, 1, \cdots, L-1) \tag{1-1}$$

式中,N 为像素点总数;n_k 为灰度级 k 的像素点的个数。图像 I 灰度级的累积分布函数定义为:

$$c(k) = \sum_{i=0}^{k} p(i), (k=0, 1, \cdots, L-1) \tag{1-2}$$

直方图均衡算法原理简单,实时性好。不需要预先设定相关参数,自动实现对图像对比度的增强,但增强后的图像亮度不均,并且会出现灰度级合并导致的部分细节信息丢失。

(2)自适应直方图均衡算法

自适应直方图均衡算法(Adaptive Histogram Equalization,AHE)是一种较好的对比度增强算法,用来提升图像的对比度的一种计算机图像处理技术。和普通的直方图均衡算法不同,AHE 算法通过计算图像的局部直方图,然后重新分布亮度来改变图像对比度。因此,该算法更适合改进图像的局部对比度以及获得更多的图像细节。

(3)方向梯度直方图算法(Histogram of Oriented Gradient,HOG)

该算法特征提取步骤如下:

第一步:灰度化。

第二步:标准化 Gamma 空间。

$$I(x,y)=I(x,y)^{gamma} \tag{1-3}$$

第三步:图像梯度计算。

$$G_x(x,y)=H(x+1,y)-H(x-1,y) \tag{1-4}$$

$$G_y(x,y)=H(x,y+1)-H(x,y-1) \tag{1-5}$$

式中,$G_x(x,y)$,$G_y(x,y)$,$H(x,y)$ 分别表示输入图像中像素点 (x,y) 处的水平方向梯度、垂直方向梯度和像素值。像素点 (x,y) 处的梯度幅值和梯度方向分别为:

$$G(x,y)=\sqrt{G_x(x,y)^2+G_y(x,y)^2} \tag{1-6}$$

$$\alpha(x,y)=\tan^{-1}\left[\frac{G_x(x,y)}{G_y(x,y)}\right] \tag{1-7}$$

第四步:将图像划分为小 cells 并统计每个 cell 的梯度直方图,将若干个 cell 组成一个 block。

第五步:将图像内所有 block 的 HOG 特征的描述符串联起来就可以得到图像的 HOG 特征描述符,结合后最终的特征向量用于分类。

2. 基于白平衡算法

(1)完美反射算法

完美反射算法是假设一幅彩色图像存在可以完全反射光源照射在物体上的光线的镜面,在此基础上在对图像进行白平衡调整时以存在的一个纯白色的像素或最亮点作为参考来校正图像的像素。

假设图像中 RGB 颜色通道的最大响应是由白色表面引起的,通过计算 RGB 的最大值,就可以得到 RGB 通道调整系数,然后所有像素点的 RGB 根据对应的调整系数进行调整,进而实现颜色校正。如式(1-8)所示:

$$\left.\begin{array}{l} R'=k_r \times R \\ G'=k_g \times G \\ B'=k_b \times B \end{array}\right\} \tag{1-8}$$

式中,R,G,B 为原始图像颜色值;R',G',B' 为校正后的图像颜色值。其中的通道调整系数 k_r,k_g,k_b 的计算公式如下:

$$\left.\begin{aligned} k_r &= \frac{R_{\max}}{255} \\ k_g &= \frac{G_{\max}}{255} \\ k_b &= \frac{B_{\max}}{255} \end{aligned}\right\} \quad (1-9)$$

式中，$R_{\max}$，$G_{\max}$，$B_{\max}$ 为原图像 3 个颜色通道的最大值。

（2）灰度世界算法

人的视觉系统在变化的光照环境和成像条件下，对图像的颜色具有不变特性，而成像系统不具备这样的功能，因此不同的光照条件会导致采集的图像颜色与真实颜色存在偏差。灰度世界算法在物理意义上假设自然景物对于光线的平均反射均值在整体上是定值，这个定值近似为灰色，颜色平衡算法将这一假设强制应用于待处理的图像，从而消除环境光的影响，获得原始图像。

第一步：确定灰度值。

$$\overline{Gray} = \frac{\overline{R} + \overline{G} + \overline{B}}{3} \quad (1-10)$$

第二步：计算 R、G、B 通道增益系数。

$$\left.\begin{aligned} k_r &= \frac{\overline{Gray}}{\overline{R}} \\ k_g &= \frac{\overline{Gray}}{\overline{G}} \\ k_b &= \frac{\overline{Gray}}{\overline{B}} \end{aligned}\right\} \quad (1-11)$$

第三步：根据 Von Kries 对角模型对图像中的每个像素 P 调整其分量 R，G，B 的值。

$$\left.\begin{aligned} P(R') &= P(R) \times k_r \\ P(G') &= P(G) \times k_g \\ P(B') &= P(B) \times k_b \end{aligned}\right\} \quad (1-12)$$

（3）偏色检验算法

数字设备的感光元件拍摄出的图像色彩与真实物体之间存在一定程度

的色偏，偏色检验算法采用等效圆的方法，图像平均色度 D 和色度中心距 M 的比值来衡量图像的偏色程度，比值为 K，偏色检验算法速度较快。计算公式如下所示：

$$d_a = \frac{\sum_{i=1}^{M}\sum_{j=1}^{N}a}{MN}, \quad d_b = \frac{\sum_{i=1}^{M}\sum_{j=1}^{N}b}{MN} \quad (1-13)$$

$$D = \sqrt{d_a^2 + d_b^2} \quad (1-14)$$

$$M_a = \frac{\sum_{i=1}^{M}\sum_{j=1}^{N}(a-d_a)^2}{MN}, \quad M_b = \frac{\sum_{i=1}^{M}\sum_{j=1}^{N}(a-d_b)^2}{MN} \quad (1-15)$$

$$M = \sqrt{M_a^2 + M_b^2} \quad (1-16)$$

$$K = D/M \quad (1-17)$$

式中，M，N 为图像的宽和高，单位为像素；(d_a, d_b) 为等效圆的中心坐标，半径为 M；D 表示等效圆中心到 a-b 色度平面原点$(0, 0)$的距离。K 值越大，表示偏色越严重。

（4）均值滤波法

均值滤波是计算每一个像素点（包含此点）周围各像素点的平均值，作为该像素点滤波后的值，通常取以该像素点为中心的矩形窗口内所有像素点计算平均值。矩形窗口的大小一般为 3×3，5×5，9×9，…，$(2n+1)×(2n+1)$。窗口越大，滤波效果越好，但图像也会越模糊，应该根据实际情况设置矩形窗口大小。

$$\begin{aligned} P(x, y) = [& P(x-1, y-1) + P(x, y-1) + P(x+1, y-1) + \\ & P(x-1, y) + P(x, y) + P(x+1, y) + \\ & P(x-1, y+1) + P(x, y+1) + P(x+1, y+1)]/9 \end{aligned} \quad (1-18)$$

式中，$P(x, y)$ 为中心点。

对于 $(2n+1)×(2n+1)$ 的窗口，点 (x, y) 的平均滤波值如公式（1-19）所示：

$$P(x, y) = \frac{1}{(2n+1)^2} \sum_{j=y-n}^{y+n} \sum_{i=x-n}^{x+n} P(i, j) \quad (1-19)$$

3. 基于 Retinex 算法

Retinex 的理论基础是，物体的颜色是由该物体对红色、绿色、蓝色光线的反射能力来决定的，而不是由反射光强度的绝对值来决定的，物体的色彩不受光照非均匀性的影响，具有一致性，即 Retinex 是以颜色恒常性为基础的。不同于传统的线性、非线性的方法只能增强图像某一类特征，Retinex 可以在动态范围压缩、边缘增强和颜色恒常三个方面达到平衡，因此可以对各种不同类型的图像进行自适应的增强。

（1）单尺度 Retinex 算法

图像表示公式如下：

$$r(x,y) = \log R(x,y) = \log \frac{S(x,y)}{L(x,y)} \qquad (1-20)$$

式中，$R(x,y)$ 表示反射光图像；$L(x,y)$ 表示入射光图像，决定图像像素的表达能力；$S(x,y)$ 表示原始图像，经整理后可得：

$$r(x,y) = \log S(x,y) - \log[F(x,y) \otimes S(x,y)] \qquad (1-21)$$

式中，$r(x,y)$ 为输出图像，$F(x,y)$ 是中心函数，表示为：

$$F(x,y) = \lambda e^{\frac{-(x^2+y^2)}{c^2}} \qquad (1-22)$$

式中，c 是高斯环绕尺度，取值满足如下条件：

$$\iint F(x,y) \mathrm{d}x\mathrm{d}y = 1 \qquad (1-23)$$

（2）多尺度 Retinex 算法

多尺度 Retinex（Multi-Scale Retinex，MSR）是在单尺度基础上发展而来，优点是保持图像高保真及对图像动态范围进行压缩时可以实现颜色恒常性、色彩增强及全局动态范围压缩，计算公式如下：

$$R(x,y) = \sum_{k=1}^{K} w_k \{\log S(x,y) - \log[F(x,y) \cdot S(x,y)]\} \qquad (1-24)$$

式中，K 是尺度个数（高斯中心环绕函数个数），当 $K=1$ 时，为单尺度 Retinex 算法。满足

$$\sum_{k=1}^{K} w_k = 1 \qquad (1-25)$$

通常 K 的个数为 3，且有：

$$w_1 = w_2 = w_3 = \frac{1}{3} \qquad (1-26)$$

Retinex 增强算法在亮度差异大区域的增强图像会产生光晕。

另外 MSR 增强算法常见的缺点还有边缘锐化不足，阴影边界突兀，部分颜色发生扭曲，纹理不清晰，高光区域细节没有得到明显改善，对高光区域敏感度小等。

(3)带色彩恢复的多尺度 Retinex 方法

由于 SSR 和 MSR 在增强过程中图像会增加噪声,因此局部细节的色彩失真,偏离原来物体颜色,视觉效果也差。针对这一问题,带色彩恢复的多尺度 Retinex 方法(Multi-Scale Retinex with Color Restoration,MSRCR)在 MSR 基础上,加入色彩恢复因子 C 调节图像局部对比度增强导致的颜色失真缺陷。算法如下:

$$R(x,y) = C_i(x,y)R(x,y) \quad (1-27)$$

$$C_i(x,y) = f[I'_i(x,y)] = f\left[\frac{I_i(x,y)}{\sum_{j=1}^{N} I_j(x,y)}\right] \quad (1-28)$$

$$\begin{aligned} f[I'_i(x,y)] &= \beta\log[\alpha I'_i(x,y)] \\ &= \beta\left\{\log[\alpha I'_i(x,y)] - \log\left[\sum_{j=1}^{N} I_j(x,y)\right]\right\} \end{aligned} \quad (1-29)$$

式中,$I_i(x,y)$ 表示第 i 个通道图像;C_i 表示第 i 个通道的色彩恢复因子,调节 RGB 通道颜色比例;$f[I'_i(x,y)]$ 表示色彩空间的映射函数;β 为增益常数;α 是受控制的非线性强度。

由于 MSRCR 算法处理图像后,像素值一般会出现负值。因此从对数域 $r(x,y)$ 转换为实数域 $R(x,y)$,需要改变增益和偏差对图像进行修正,公式表示为:

$$R(x,y)' = G \cdot R(x,y) + O \quad (1-30)$$

式中,G 表示增益;O 表示偏差。

二、车辆识别主要方法

车辆识别作为目标识别的重要应用之一,在智能交通系统中有着重要的地位,研究更加鲁棒、准确、高效的车辆识别方法无疑具有重要的学术价值和广泛的应用前景。车辆识别方法总体上分为两类:传统人工特征提取和基于深度学习的识别方法。

1. 传统人工特征提取方法

传统的人工特征提取方法分为三种:基于全局特征的方法、基于局部特征的方法和基于组件特征的方法。

(1) 基于全局特征的方法

主要是构建一个模型来描述车辆的形状和外观。传统的全局特征方法通过提取特征对车辆图像的整体信息进行描述，得到图像的特征表示向量，进而完成车辆类别的判断及预测。这种方法起步较早，技术发展较为成熟。常用的全局特征主要有颜色直方图[15-16]、形状特征[17]、边缘特征[18]、纹理特征[19]等。在具体的应用中，需要根据识别任务（车型、颜色等）的不同，提取不同的全局特征。颜色是车辆识别中广泛应用的主要条件之一。车辆颜色识别不仅可以在车辆检测、识别和跟踪等应用中提供有用的信息，还可以为快速行动执法提供直观的视觉提示。然而，在实际应用中，由于受到光照变化、天气、噪声等因素的影响，车辆的视觉表观特征会发生明显的变化，导致颜色偏移，给车辆颜色的识别带来了巨大的困难与挑战。颜色直方图的特点是以图像中各种颜色出现的概率为特征，这种特征对图像的旋转、平移和尺度变化不敏感。文献[16]利用了颜色直方图的优势，在色调、饱和度、亮度等颜色空间，使用 H 和 S 两个分量的颜色直方图构成二维特征向量，解决了车辆颜色的特征表达问题，并考虑到直方图特征在不同颜色通道的信息对识别的重要程度不同的性质。文献[15]采用在色调、饱和度、强度颜色空间中，为每个颜色通道设置不同数量的统计区间的配置方法，该方法降低了处理时间并提升了识别精度。但是这类对整幅图像进行统计的方法，所得到的特征表达通常存在大量的冗余信息和无关特征。因此，文献[20]从解决上述问题的角度出发，通过对不同的感兴趣区（Regions of Interest, ROI）分别提取颜色直方图构造特征向量的配置方法获得较好的车色（车身颜色）识别性能。同样是为了去除非车色区域对识别的影响，文献[21]则利用二色反射模对图像进行分析，直接提取车色区域的颜色特征进行识别。这种方法在去除干扰的同时，对光照变化也有较好的鲁棒性。近年来，在车辆识别过程中，自适应的识别框架更具有灵活性和有效性。

(2) 基于局部特征的方法

随着对车辆细节识别需求的逐步增加，基于全局特征的识别方法已经无法满足识别性能上的要求。如何对车辆的细节信息进行描述，如何区分不同车辆间的细微差异是当前车辆识别的研究重点及难题。因此，将局部特征应用于车辆识别任务中是车辆识别发展的一个必然过程。基于局部特征的车辆识别方法包括尺度不变特征变换[22]、多尺度空间模型[23]等，这些方法的基本思路是：首先提取底层局部特征进行描述；然后使用特征变换算法对底层特征进行编码，经过特征汇聚等操作，从而获得更具区分性及鲁棒性的特征表达，得到一个紧凑的特征向量；最后得到一个分类器完成对车辆的分类识别。文献[24]和[25]应用词袋模型对局部特征进行紧凑表达，从关键点特征的描述出发，构建视觉词袋及混合词袋模型，最终实现了对车辆细节信息的多尺度表达，但这种方法忽略了特征的空间位置信息，降低了特征的区分能力，因此文献[26]~[28]在文献[22]基础上，通过空间金字塔等方法提升了特征的区分能力，文献[29]和[30]在一定程度上解决了遮挡对车辆识别的影响，较好地克服了视角对识别的影响，从而提升了识别率。

(3) 基于组件特征的方法

与局部特征的方法思想大致相似，但基于组件特征的方法不是对车辆的所有特征点建模，而是首先根据车辆关键区域中的特征点的位置，将车辆分为多个组件，然后对这些组件进行建模，不同组件之间的关系可使用一个全局的形状模型来约束，该方法的难点在于如何对车辆的每个组件部分的形变建立精确的模型。文献[31]提出了一个双阶段模型来表达车辆的局部和全部形状。局部形变使用单一的高斯模型来建模，然后每个组件之间的非线性关系使用一个预先训练的高斯过程潜变量模型来建模。类似地，文献[32]使用了一个主成分分析来对局部组件形状建模，同时还有一个全局主成分分析模型来对所有组件的形变建模，进而提升识别准确率。

基于传统的人工特征提取方法对于细粒度的车辆识别而言，无法充分表达车辆类别之间细微的外观变化，使得没有相关领域知识的人员不能轻易识别细粒度模型。近年来，识别技术更多侧重学习一种理想的特征表达来描述车辆的局部信息，但是在实际应用中，受到车辆样本类型丰富、复杂的交通和天气状况下车辆表观变化较大等因素的影响，基于传统方法的车辆识别技术往往会遇到难以解决的问题，导致车牌及车脸区域的识别率低，识别效果受到较大的影响。因此，亟须更具普适性、鲁棒性的学习方法来实现车辆的识别。因而基于深度学习的识别方法随着技术的发展，已经深入到这个领域中。

2. 基于深度学习的识别方法

深度学习作为机器学习领域一个新的研究方向，其原理是通过模拟人类大脑的分层表达结构,实现从浅到深逐层分析图像,建立用于数据分析学习的神经网络,借助非线性函数组合实现实际中的问题,从原始数据中提取出逐层抽象的特征表达,来提升分类精度或预测准确性[33-34]。常见的深度模型包括卷积神经网络、深度置信网络(Deep Belief Network,DBN)、迁移学习、限制玻尔兹曼机、自编码器等[35]。近年来,深度学习在车辆识别中得到了广泛的应用。例如,文献[36]和文献[37]将卷积神经网络CNN模型与空间金字塔模型相结合,实现了准确的车身颜色识别;文献[38]和文献[39]分别实现了基于快速区域卷积神经网络(Fast R-CNN)和玻尔兹曼机的车辆识别;此外,深层次神经网络技术也得到了应用,文献[40]和文献[41]采用网络DBN模型实现车辆分类。总之,上述深度学习模式在不同程度上均取得了一定的效果。现有的深度网络通常是一个通用的学习模型,网络结构复杂,需要学习网络参数巨大,计算资源和时间消耗较大,亟须设计轻量化的车辆识别网络,这是当前研究者应当重点考虑的问题之一,因此基于深度学习的车辆识别算法具有重要意义。

车脸识别又是车辆识别的重要应用,对于车辆识别国内外的研究相对较多,而车脸识别的研究工作较少。对于车脸识别技术的研究,国外在这一领域起步较早,研究得较为深入和领先,技术相对成熟。从物体识别特征提取的方向来看车脸作为车辆图像一部分在车辆检验中的研究发展:N. Matthews等人与O.Sidla等人分别在1996年与2004年,利用主成分分析进行特征提取,然后采用支持向量机或神经元网络分类器,进行车辆检测[10-11];文献[12]通过截断的小波系数特征结合支持向量机分类器实现对车辆的检测;文献[13]通过采用Gabor滤波器提取矩特征与Haar小波特征相结合的方法,然后利用支持向量机分类器来进行车辆检测。

国内对于车脸识别的研究也不断跟进与发展:文献[14]利用灰度共生矩阵提取车脸图像的纹理特征,然后用最小距离法对车辆进行识别;同年文献[42]对车脸的局部特征分别使用了SURF和LBP两种特征,并将两者结合实现对车辆的分类;2011年的文献[43]采用Haar特征结合AdaBoost分类在人脸检测中的成功应用方法,提出一种类Haar特征结合改进的AdaBoost分类器的识别算法,将其应用于车辆图像识别,实现了性能更好、误识别率更低并且训练准备时间更短的车辆检测方法;文献[44]提取图像中车辆轮廓的Harris角点对车辆进行识别;文献[45]提出利用车脸图像的

HOG 特征识别不同的小车车型。近年来，依靠深度学习算法的图像识别应用越发广泛，将深度学习应用于车脸图像来提取图像特征的方法开始流行：文献[46]使用对高速公路环境三种主要车型车脸图像，利用卷积神经网络 CNN 提取的特征实现对车型的识别；文献[47]通过构建不同卷积神经网络与传统特征提取分类方式对比车辆识别的准确率。这些方法从传统到深度学习，特征的设计从手工到智能，越来越适应车脸图像识别在现实生活中的应用。在过去的几年中，随着机器学习、人工智能算法的不断优化和发展，车脸识别领域也有了巨大的进步。

综上所述，传统车脸识别的方法主要依靠 LBP，Haar，HOG[48] 等从几何、光学、灰度、角点、纹理等方面出发的单一模板提取特征的方式，这些方法多从经验出发，对某些情况十分适用但不能涵盖多数情况，也不能统一融合以应对更多的目标。随着人工智能的发展，直接利用神经网络提取整车车脸图像特征的情况也越来越不能满足现实所需，因此针对车脸识别开创性的研究应该顺应时代的需求，进一步利用车辆中不止车牌、散热格栅等容易识别的部件，考虑更适宜的多种方案，包括当前计算机视觉中应用广泛的深度学习应用方案。

◆ 第三节 车辆识别技术概述

一、车辆识别技术的主要应用领域

近年来，随着计算机技术的飞速发展，计算机视觉、人工智能、深度学习技术不断取得突破，一方面计算能力得到大幅提升，另一方面使得车辆识别，特别是车脸识别的理论得到了广泛的实际应用。当前车辆识别及车脸识别技术主要应用在以下领域。

智能交通：假冒车牌或无牌车的违法手段成本低，危害性大，人工检查的方式不但效率低而且识别准确率差，特别是随着交通治安卡口监控摄像头的不断普及，规模和范围的不断扩大，人工方式已经无法满足车辆识别应用的要求。因此在肇事逃逸、违章超速、车辆追踪等过程中，对车辆进行精确的目标识别及检测是需要研究解决的关键问题，也是最为广泛最具前景的应用领域,可靠的车辆识别技术是智能交通监控系统中的技术瓶颈之一。

信息采集:交通系统在信息化的背景下,需要承担更多的任务,事故检索、市场统计、流量分析等围绕交通领域的需求都离不开车辆识别技术,车辆识别技术能对异常情况做出判断,挖掘出更多有效的信息。

车辆管理系统:随着机动车辆的迅猛增长,对于机动车管理变得越来越重要,其中对车辆的登记、管理、报废等应用中,车牌号码必须与车辆的型号及颜色等一致,运用车辆识别技术可以准确无误地完善车辆信息,进而完成系统的整合功能,对于建立高效自动化的车辆管理系统有着重要的实际意义。

车辆防盗:车辆识别技术的应用可以有效杜绝由假冒车牌和无牌车等手段导致的车辆无法追踪和识别,根据车辆的行驶轨迹进行追踪回溯。

此外包括出行信息服务、电子收费、应急管理、车辆控制、商用车辆运营管理等领域均有重要的应用价值[6-7]。

二、车辆识别问题的分类

车辆识别技术是智能交通系统发展的关键技术。根据车辆识别的方式不同,可以分为对道路有损和无损两类。

有损方式包括感应线圈[8-9]等识别方法,这种方式将装置埋在路面下,当汽车经过时,感应线圈产生的磁场就会有变化。由于车型种类的差异,它们的底部模式和铁磁材料也有差异,不同型号的车辆经过感应线圈所在的区域时就会不同程度地改变磁场的方向,进而获取磁场变化信息的特征,最后利用模糊信息处理与模糊模式识别的技术来分析和处理获取的特征,从而判断出通过车辆的车型。尽管具有较高的正确识别率,计算量较小,但是安装和维护都很麻烦,还会损坏路面,感应线圈的使用寿命也很短,因此该方式无法得到广泛应用。

无损方式检测方法包括无线电波、红外线、超声、激光、摄像等方法。这些方法虽然克服了前一种安装维护上的缺点,但是无线电波、红外线、激光等只能获取车辆物理参数,例如,车宽、车长、轮距、车重、底盘轴粗、底盘高等。该方式的缺点是识别算法简单,只能粗略识别车型,无法进一步获取车辆的信息。

相比以上方法，交通治安卡口监控摄像机拍摄的图像能完整还原场景信息与车辆信息，因此，对图像中的车辆进行识别具有很大的研究价值，这也是现在人们密切关注的热点问题。对视频图像处理并增强，不可避免地受到外界的自然因素影响，例如天气，光照等，并且在算法上相对复杂，开发的难度也较高，这些都是影响它广泛普及的重要因素，因此这也是本书讨论和解决的重点。

车辆识别是智能交通系统的重要组成部分，它不仅能显著提高经济效益，也能大幅节约人力资源，更具有积极的社会意义。车辆识别技术涵盖了数字图像处理、计算机视觉、模式识别等领域的内容，对车辆识别技术的研究具有深远的理论与实用价值。目前世界各国都积极致力于研究出应用范围广、实时性更好的车辆识别技术。

三、车脸识别技术的关键问题

车脸识别技术经过了多年的发展，现今已经有很多重要的理论和优秀的算法被相继提出。但到目前为止，要实现一个能适应复杂环境，具有快速、准确特点的车脸识别系统依然是一个具有很大挑战性和充满困难的课题，也是当前车脸识别领域的主要工作方向，面临的问题主要表现在以下几个方面。

①光照条件。光照是车脸识别最为常见的问题，也是车脸识别的关键问题。常见的包括高光照和低光照条件下的车脸识别，由于图像质量下降，车脸中的信息受到干扰，分辨率降低，从而使得识别的准确率降低。如何有效区分背景、适应光照条件变化是车脸识别的一个关键问题。

②车脸检测。传统的车脸主要是指车辆的散热格栅区域、车前灯区域、车标及车牌等，但是由于目前相同型号款式的车辆数目众多，仅从上述区域很难区分套牌车辆，因此需要从包括前风挡玻璃处各车之间的显著性差异入手进行识别，这是影响车脸识别准确性的关键问题。

③计算效率。目前由于大部分识别算法需要进行大量的计算，以保证识别的准确性，所以车脸识别的实时性很难实现。实时性和准确性存在着彼此矛盾的关系，因此需要对这两个性能指标给予综合统筹考虑。

第四节　主要内容和结构

一、主要内容

车辆识别技术在智能交通系统中应用广泛,深度学习理论为车辆识别提供了理论依据和基础,基于深度学习的车脸识别方法是该领域的一个研究热点。由于复杂光照及背景条件下的目标特征提取,特别是相同车型下的目标识别是难点问题,本书针对不同光照条件、车脸区域特征提取、自适应特征提取和车脸组件区域建模情况下的车脸识别进行了探索性分析,并通过实验对所提出的算法进行了验证。

本书主要内容和贡献体现在以下方面。

(1) 基于 SqueezeNet 的高光照条件下的车脸识别方法

针对交通卡口监控摄像机拍摄图像的高光照问题,介绍了卷积神经网络的高级语义特征提取的特点,SqueezeNet 在去除高光分量的特性,以及高光照条件下图像的常用增强算法,提出了高光照条件下图像自适应增强算法。该算法主要包含三个模块:快速图像分类模块基于深度学习的 SqueezeNet 网络将高光照图像分为白天高光型和夜晚高光型,在保证分类精度的基础上大大降低了运算量;图像增强模块将分类好的图像采用一种分而治之的思想,利用融合后的图像增强算法进行二次增强;图像质量评价模块采用客观评价指标衡量,设计了一种加权综合评价指标,分别从结构相似性、归一化互信息和归一化均方误差三个方面进行衡量。该算法对于高光照图像能实现良好的识别。

(2) 基于深度可分离卷积的低光照条件下的车脸识别方法

针对交通卡口监控摄像机拍摄图像的低光照问题,分析了直方图均衡化、分段线性变换法、同态滤波法、小波变换法、多尺度视网膜增强方法等图像增强算法,介绍了深度可分离卷积网络对于图像的分类问题,提出了低光照条件下图像自适应增强算法,具有较好的鲁棒性和较高的识别率。深度可分离卷积网络有效提取低对比度和低亮度条件下的图像特征,更加快速地对目标进行分类,在保证分类精度的基础上大大降低了运算量。结合图像二次增强的策略，使得在不放大噪声的同时增大识别区域的对比度及亮度，从而提高了识别的准确率。车脸图像在低光照条件下，该算法的识别效果准确而稳定。

(3) 基于YOLOv3的孪生网络车脸识别方法

针对车牌容易被涂改、遮挡、伪造等情况，单独采用车牌进行识别不能准确、快速确认车辆身份的问题，分析了车脸区域特别是前挡风玻璃处显示出的信息，包括粘贴标志的位置、颜色、数量、装饰物等图像信息，介绍了YOLOv3的目标检测方法，提出了基于孪生深度神经网络的车脸识别算法。首先将车脸图像通过YOLOv3算法快速检测相关区域图像，然后使用孪生网络算法学习一个将输入模式映射到潜在空间的函数，其中相似性度量标准对于同一对象距离小，而对于不同对象距离大，最后将车脸图像区域的差异特征输出映射为欧几里得距离，进行车脸重识别。该算法能够实现较为快速的车脸识别，并且具有计算效率高的优点，可以很好地满足实时性的需要。

(4) 基于非负矩阵分解的车脸识别方法

针对复杂背景下的识别准确性问题，介绍了一种基于改进非负矩阵分解的车脸识别算法。首先对采集图像进行预处理，获得车脸图像与车牌信息；其次，基于特定光照条件，自适应提取车脸图像的初始特征；而后针对车脸图像中像素位置的重要性差异，建立了加权稀疏约束非负矩阵分解的特征降维方法；最后通过判断特征相似性与车牌信息一致性，确定车辆是否合法。该算法在多种复杂光照情况下，具有较好的识别性能，并且具有计算速度较快的优点。

(5) 基于双正则加权非负矩阵分解的车脸识别方法

针对车脸图像包含的特征较少，造成多类别车辆识别困难的问题，介绍了车脸中的关键区域，如车标、格栅、车灯等基础组件图像，提出了基于双正则加权非负矩阵分解识别算法。首先建立了车脸关键区域的特征库，每个车脸图像都可以用基础图像的线性叠加来表示；其次通过在NMF模型中加入权重、稀疏性和分类属性约束，分解得到的新特征，实现了对车型的分类，有助于车脸图像的正确识别，即实现对套牌车的准确检测。该算法对于多类别及有限标注的车脸图像，可以很好地获得表示车脸关键区域的特征库，并满足基础图像和新特征的要求，具有较高的正确识别率，对光照变化等因素具有较强的鲁棒性。

二、本书结构

本书组织结构如图 1-1 所示。

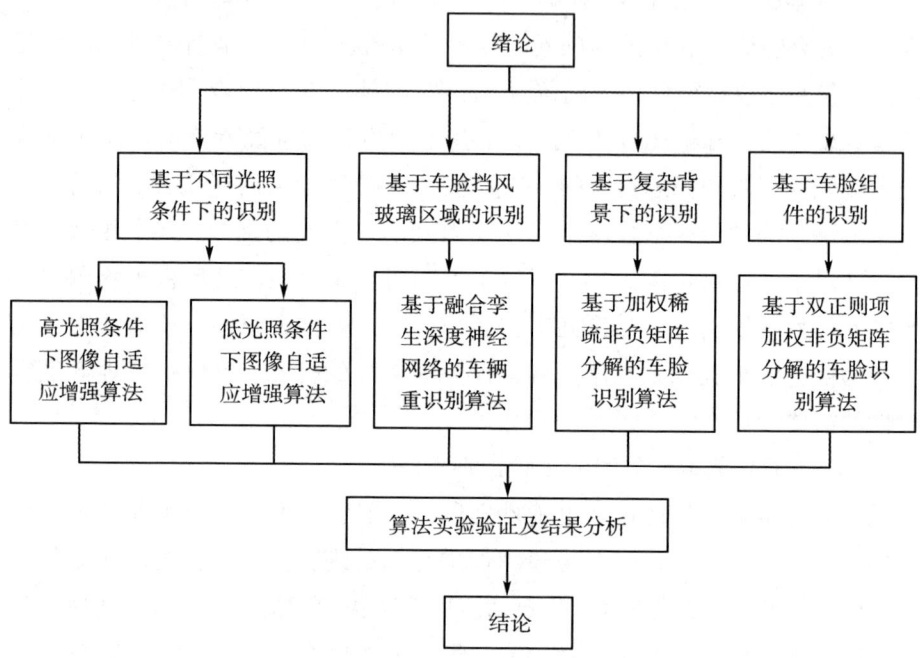

图 1-1 本书组织结构

第二章 机器学习基础

机器学习作为实现人工智能的一种手段,近年来日益流行。深度学习也是实现机器学习的一种重要技术。人工智能、机器学习和深度学习的关系如图2-1所示。

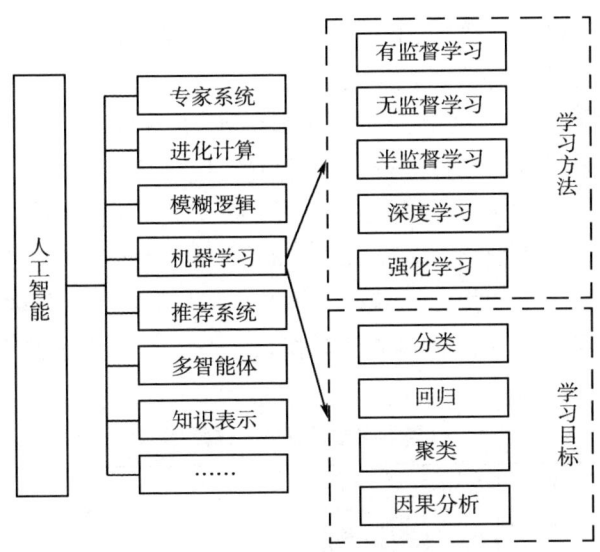

图2-1 人工智能、机器学习和深度学习的关系

◆◇ 第一节 机器学习概述

一、机器学习定义与基本术语

首先,从人工智能出发来介绍机器学习。人工智能是一门研究用于模

拟、延伸和拓展人的智能的理论和方法的学科。根据实现效果，可以将人工智能分为强人工智能和弱人工智能。强人工智能是指机器能够实现推理、独立思考、解决未知问题并且拥有自我意识和价值观；弱人工智能是指机器不能真正实现自我思考、推理和解决问题，它们只是看起来像拥有了智能。虽然科幻电影中大多描绘的是强人工智能，但是目前人们做出的努力只是集中在弱人工智能部分，只能赋予机器感知环境的能力。而这部分的成功主要归功于一种实现人工智能的方法——机器学习。

机器学习（Machine Learning，ML）就是让机器通过学习数据来获得某种知识，从而获得解决问题的能力。从学科的角度出发，机器学习往往指一类通过学习数据来完成任务的算法。其实，这种通过学习数据来解决问题的思路还是源于人思考的方式。我们经常会听到很多俗语，例如"朝霞不出门，晚霞行千里""瑞雪兆丰年""干冬湿年"等，这些都体现了从古至今人类的智慧。那么为什么人们知道朝霞出现就会下雨，晚霞出现天气就会晴朗呢？原因就在于人具有很强大的归纳能力，根据每天的观察和总结，慢慢"训练"出了这样一种分辨是否下雨的"分类器"。

针对机器学习的定义，Mitchell 给出了一个更形式化的说明：对于一个任务（Task）T 和性能指标（Performance Metric）P，如果程序通过经验（Experience）E 在任务 T 上的指标 P 获得了提升，那么我们就说针对 T 和 P，程序对 E 进行了学习。这个定义可能比较拗口，表 2-1 列举了几个例子来帮助理解。

表 2-1　机器学习中的任务、性能指标和经验

实例 1	T	下象棋
	P	对弈任意对手的胜率
	E	与自己不断对战
实例 2	T	人脸识别
	P	识别结果的正确率、误检率和漏检率
	E	人工标定图片数据集
实例 3	T	自动驾驶
	P	从出发点到目的地的碰撞次数、行驶时间、耗油量等
	E	有驾驶规则的行驶环境数据集

表2-1（续）

实例4	T	通过面部观察判断罪犯
	P	识别结果的正确率、误检率和漏检率
	E	包含罪犯与非罪犯面部照片的数据集

了解了机器学习的定义之后，再来关注所有机器学习算法都会涉及的一些概念。以"预测下雨"为例，在预测之前，我们肯定需要获取一些特征（Feature）或属性（Attribute），比如是否出现了朝霞、是否出现了晚霞、温度、空气湿度、云量，甚至卫星云图等。通常，为了能够进行数学计算，我们需要将这些特征表示为一个 d 维的特征向量（Feature Vector），记作 $x = [x_1, x_2, \cdots, x_d]^T$，向量的每一个维度代表一个特征，总共选取了 d 个特征。

这样的特征有无穷多种，但是并不是每一种都对最终的判断有帮助。所以，为了通过学习来了解哪些特征是有帮助的，以及这些特征取哪些值时会下雨，我们还要获得它们对应的标签（Label）。标签可以是连续值，比如下雨量、下雨持续时间等；标签也可以是离散值，比如是否会下雨。标签的选取通常与需要完成的任务有关。当标签是连续值时，这样的机器学习任务称为回归（Regression）问题；当标签是有限数量的离散值时，这样的机器学习任务称为分类（Classification）问题；当标签是标记序列时，这样的机器学习任务称为标注（Tagging）问题，标注问题可以看成分类问题的一种。一组记录好的特征值以及它的标签称为一个样本（Sample）或实例（Instance），例如[特征：(出现朝霞、没有出现霞、空气湿度为50%)，标签：(下雨)]，一组样本构成的集合称为数据集（Dataset）。现在再回顾机器学习的定义，为了能够在任务 T 上提高性能 P，需要学习某种经验 E。这里，需要学习的就是数据集，而为了确定性能 P 是否能够提高，还需要一个不同的数据集来测量性能 P。因此，数据集需要分为两部分用于学习的数据集称为训练集（Training Set），用于测试最终性能 P 的数据集称为测试集（Test Set）。为了保证学习的有效性，我们需要保证这两个集合不相交。

数据集中的样本还需要保证一个基本的特性——独立同分布（Identically and Independently Distributed, IID）假设，即每一个样本都需要独立地从相同的数据分布中提取。"独立"保证了任意两个样本之间不存在依赖关系；"同分布"保证了数据分布的统一，从而在训练集上的训练结果对于测试集也是适用的。例如，当训练集的数据都是"地球的天气"，而测试集中都是

"火星的天气",这显然是不合理的。机器学习的重点是如何更好地利用这些数据。给定训练集,我们希望算法能够拟合一个函数$f(x,\theta)$来完成从输入特征向量到标签的映射。对于连续的标签或者非概率模型,我们通常会直接拟合标签的值:

$$\hat{y}=f(x,\theta)$$

式中,θ为算法模型可学习的参数。对于离散的标签或者概率模型,通常会拟合一个条件概率分布函数:

$$p(\hat{y}|x)=f(x,\theta)$$

用于预测每一类的概率值。

为了获得这样一组模型参数θ,我们需要有一套学习算法(Learning Algorithm)来优化这个函数映射,这个优化的过程就称为学习(Learning)或者训练(Training),这个需要拟合的函数就称为模型(Model)。学习的目的就在于找到一个最好的模型,而这样一个模型应当是输入空间至输出空间映射集合中的一个映射,这个映射集合称为假设空间(Hypothesis Space)。换句话说,学习的目的就在于从这个假设空间中选择出一个最好的元素。

二、机器学习的三要素

在了解了机器学习的基本概念之后,继续讨论机器学习算法的三个基本要素:模型、学习准则(策略)和优化算法。

1. 模型

机器学习的第一要素就是模型,而学习的目的就是在模型的假设空间中选择一个最佳的模型,即最接近真实映射的映射函数或条件概率分布,然后利用该模型去完成相应的任务。

形式化的表述为,如果用F表示该假设空间,则它可以定义为决策函数的集合:

$$F=\{f|Y=f_\theta(X),\theta\in R^m\}$$

式中,该函数族是由参数θ决定的,该参数θ所在的空间为m维欧氏空间,称为参数空间(Parameter Space)。学习的目的就转换为在该参数空间中选择最优的参数。

另一方面,对于概率模型,假设空间可以构造为条件概率分布的集合:

$$F=\{P|P_\theta(Y|X),\theta\in R^m\}$$

式中,该条件概率分布族也由参数θ决定。

假设空间的分类方法有很多,上述表示就将其分为概率模型和非概率模型。另一种常见的分类方式是将假设空间分为线性和非线性两种,对应的模型就称为线性模型和非线性模型。

对于线性模型,它的假设空间是一个包含可学习参数的线性函数族:
$$f(x, \theta) = w^{\mathrm{T}} + b$$
其中,参数向量 θ 由权重向量 w 和偏置 b 组成。

对于非线性模型,则可以表示为若干非线性基函数 $\phi(x)$ 的线性组合:
$$f(x, \theta) = w^{\mathrm{T}} \phi(x) + b$$
式中,$\phi(x)$ 代表由若干非线性基函数拼接成的向量,参数向量 θ 由权重向量 w 和偏置 b 组成。如果该非线性基函数组成的向量本身也是带参数、可学习的,即:
$$\phi(x) = h[w^{\mathrm{T}} \phi'(x) + b]$$
式中,$h(\cdot)$ 代表一个非线性函数,那么该模型 $f(x, \theta)$ 就是一个多层感知机(Multi-Layer Perceptron,MLP)。

2. 学习准则(策略)

在明确了模型的假设空间之后,接下来需要做的是:如何从假设空间中选出最优的模型,即学习准则或学习策略问题。如果选出的模型不是最优的,那么这个模型函数的预测值 $f(X)$ 和样本的真实标签值 Y 会出现不一致的情况。这时通常用损失函数(Loss Function)或者代价函数(Cost Function)来衡量它们不一致的大小,损失函数是一个非负值的实值函数,记作 $L[Y, f(X)]$。

下面介绍几种常见的损失函数。

0-1损失函数(0-1 Loss Function):0-1损失函数是最直接地反映正确与错误的损失函数,对于正确的预测,损失值就为0;对于错误的预测,损失值就为1。虽然0-1损失函数能够直观地反映模型的错误情况,但是它的数学性质并不是很好——不连续也不可导,因此在优化时很困难。通常,我们会选择其他相似的连续可导函数来替代它。
$$L(Y, f(X)) = \begin{cases} 0, & Y = f(X) \\ 1, & Y \neq f(X) \end{cases}$$

平方损失函数(Quadratic Loss Function):平方损失函数就是预测值和标签值差的平方,经常用于需要预测连续实值的任务中,适用于回归任务,一般不用于分类任务。该函数拥有良好的数学性质——连续、可微且为凸函数。通常，为了保证其导数前的系数为1，我们对原函数乘以$\frac{1}{2}$的系数。

$$l[Y, f(X)] = \frac{1}{2}[Y-f(X)]^2$$

绝对损失函数（Absolute Loss Function）：绝对损失函数就是预测值和标签值差的绝对值，与平方损失函数类似，经常用于预测连续实值的回归任务。不同的是，绝对损失函数的导函数值只可能为+1和−1，避免了平方损失函数在偏差很大的情况下梯度太大。它对每个样本的重视程度一视同仁，不会过于偏向误差更大的样本。这是它的优点，同时也是缺点。

$$L[Y, f(X)] = |Y-f(X)|$$

对数损失函数（Logarithmic Loss Function）或负对数似然损失函数（Negative Log-Likelihood Loss Function）：这个损失函数源于极大似然原理——极大化对数似然函数，而我们通常习惯于最小化损失函数，因此将它转变为最小化负对数似然函数。究其根本，这个损失函数是为了最大化预测条件概率的正确率。

$$L[Y, f(X)] = -\log P(Y|X)$$

交叉熵损失函数（Cross-Entropy Loss Function）：交叉熵损失一般用于分类任务。对于一个多分类任务，共有C个类别可供选择。我们通常将分类的标签写作一个One-Hot向量，仅有目标类别的元素为1，其余元素都为0。针对分类的预测值，我们通常也会写作一个向量，它的$L1$范数为1，每个元素代表对应类别的概率值。为了衡量两个概率分布，我们就需要用交叉熵来衡量它们的差异：

$$L[Y, f(X)] = \sum_{c=1}^{C} Y_c \log f(X_c)$$

这里再回顾对数损失函数和交叉熵损失函数，会发现它们其实是等价的。因为这里的标签Y是一个One-Hot向量，因此交叉熵损失函数的目标就是使目标类别的条件概率极大化，即最小化负对数似然函数。

Hinge损失函数（Hinge Loss Function）：对于一个两分类的问题，数据集的标签取值是$\{+1, -1\}$，模型的预测值是一个连续的实值函数，那么Hinge损失的定义为：

$$L[Y, f(X)] = \max\{0, 1-Yf(X)\}$$

Huber损失函数（Huber Loss Function）：Huber损失函数通常用于回归问题。它结合了平方损失函数和绝对损失函数的优点，针对特定的问题进行了优化。在预测值与标签值偏差小的时候选择用平方损失计算,而偏差大的时候选择用绝对损失计算。这样设计的主要目的是减少数据集中离群点的影响,这部分离群点通常为噪声或者错误标定的点,因此在计算损失的时候不需要关注太多。

$$L_\delta[Y, f(X)] = \begin{cases} \frac{1}{2}[Y-f(X)]^2, & |Y-f(X)|<\delta \\ \delta \cdot \left[|Y-f(X)|-\frac{1}{2}\delta\right], & 其他 \end{cases}$$

BerHu 损失函数(BerHu Loss Function):Huber 损失是为了减弱外点对模型的影响,但是当确定外点不多或者急切地想减小大的偏差时,会选择另一种相反组合的函数——BerHu 函数。该函数更偏向于偏差大的那些样本,而对于偏差小的样本,也可以利用绝对损失函数的导数恒定的优点,来保证学习步长足够大,不至于像平方损失那样学习缓慢。

$$L_\delta[Y, f(X)] = \begin{cases} |Y-f(X)|, & |Y-f(X)|<\delta \\ \dfrac{Y-f(X)^2+\delta^2}{2\delta}, & 其他 \end{cases}$$

除了上述几种损失函数外,还有很多其他对特定问题适用的损失函数。总而言之,损失函数的设计是以能够更好地解决具体问题为目的的。

损失函数的作用就类似于机器学习的形式化定义中的性能 E,损失函数越小,模型的性能 E 就越大。模型的输入 X 和输出 Y 都可以看作输入和输出联合空间的随机变量,遵循着联合分布 $P(X, Y)$,我们称损失函数在该联合分布上的期望为风险函数(Risk Function)或期望损失(Expected Loss)。

$$R_{\exp}(f) = E_{P(X, Y)}\{L[Y, f(X)]\} = \iint L[y, f(x)]P(x, y)\mathrm{d}x\mathrm{d}y$$

一个好的模型应当有较小的期望损失,但是实际上,我们无法得知真实的数据分布情况,因此也没有办法真的去计算期望风险。事实上,如果我们知道数据的联合分布 $P(X, Y)$,我们就可以直接利用贝叶斯公式求得条件概率分布 $P(Y|X)$,也就不用学习的过程了。所以,这样的循环依赖的问题是一个病态问题(Ill-Formed Problem)。

然而,从另一个方面来看,我们可以近似地求得期望风险。给定一个数据集,可以很容易计算出模型的经验风险(Empirical Risk)或经验损失(Empirical Loss),即在训练集上的平均误差:

$$R_{emp}(f) = \frac{1}{N} \sum_{i=1}^{N} L[y_1, f(x_i)]$$

如此,一个可以具体实施的学习策略就诞生了,那就是在假设空间中找到一个最优模型 f' 使得经验风险最小,这就是经验风险最小化(Empirical Risk Minimization, ERM)准则。

$$f^* = \underset{f \in F}{\mathrm{argmin}} R_{emp}(f)$$

根据大数定律,当训练集的数据量趋向于无穷大时,经验风险能够保证收敛于期望风险。但是通常情况下,我们无法获得无穷大量的训练集,并且实际中训练集的样本包含了各种噪声,因此实际所用的训练集不能很好地反映数据的真实分布。在这种情况下,如果利用经验风险最小化很容易导致训练集上的损失很低,但是对于未知的数据预测误差很大。这种训练误差不断降低、测试误差反而提高的现象称为过拟合(Overfitting)。

过拟合发生的因素有很多,最主要的两点是训练数据量不足以及模型能力过强或模型函数过于复杂。为了解决这一问题,我们将经验风险函数进行修改,增加了正则化(Regularization)项或惩罚(Penalty)项,得到了结构风险函数:

$$R_{str}(f) = \frac{1}{N} \sum_{i=1}^{N} [y_i, f(x_i)] + \lambda J(f)$$

式中,$J(f)$ 代表模型函数的复杂度,是定义在假设空间 F 上的泛函,简单来说就是函数的函数。模型函数的复杂度越大,$J(f)$ 也就越大。一般使用模型参数向量的 L2 范数来近似模型的复杂度。因此,该风险函数强制使模型的复杂度不应过高,这种学习策略称为结构风险最小化(Structural Risk Minimization, SRM)。

从数学优化的角度来看结构风险函数,可以将模型的复杂度项看作引入拉格朗日乘子的带约束优化问题,约束条件为模型函数的复杂度为 0,目标为经验风险最小。而从贝叶斯学习的角度来看,正则化项可以看作人为给定的先验分布,即在不确定目标的分布时,选择最"模糊"的分布。

此外,还有一种与过拟合相反的极端就是欠拟合(Underfitting),即模型过于简单而导致训练误差一直很大。

3. 优化算法

在获得了数据集、确定了假设空间以及选定了合适的学习准则之后,最后一步就是要解决一个最优化(Optimization)问题。机器学习的训练和学习的过程，实际上就是求解最优化问题的过程。

如果最优化问题存在显式的解析解，那么我们就可以很容易求取它的闭式解，但是如果不存在解析解，我们就只能通过数值方法来不断逼近。并且在机器学习中，很多优化函数不是凸函数，因此如何寻找全局最优解就成了一个很重要的问题。

最简单也最常用的优化算法就是梯度下降法（Gradient Descent，GD）。梯度下降法通过不断迭代的方式来降低风险函数的值：

$$\theta_{t+1} = \theta_t - \alpha \frac{\partial R(\theta)}{\partial \theta}$$

式中，θ_i 为第 i 次迭代时的参数值；α 代表优化的步长，又称为学习率。学习率过小，会导致学习速度太慢，还有可能会导致陷入局部最优；学习率过大又会出现震荡，严重时会导致发散。

针对梯度下降法，后续还有很多改进。例如，为了优化它的收敛速度以及越过局部"平缓"区域，可以加入"冲量项"（Momentum）来使优化保持一定的速度；为了优化迭代的速度以及质量，采用随机梯度下降（Stochastic Gradient Descent，SGD）和小批量梯度下降（Mini-Batch Gradient Descent，MBGD）等。

三、机器学习方法概述

机器学习按照学习方法来分类，可以分为有监督学习、无监督学习、半监督学习、深度学习和强化学习等内容。需要注意的是，这几种方法并不是非此即彼的关系，而是可以相互交叉的。例如，深度学习中的任务有监督学习的方法，也有无监督学习的方法；深度学习和强化学习可以相互结合，称为深度强化学习。

有监督学习（Supervised Learning）又称有导师学习，是指利用带标签的样本来优化算法的参数，使其性能提高的过程。监督学习利用的数据集不仅包含特征，还包含标签。根据这些标签，我们可以设计一种学习策略（损失函数）来优化模型。监督学习也是目前使用最广、效果最好的一种学习方式。监督学习的优点是模型性能往往较好，精度高；缺点是需要人为的参与，对数据集的标定工作耗时耗力，获取大量标记的数据成本很高。

表 2-2 列出了传统机器学习方法中的一些代表性的监督学习方法以及它们的学习策略、优化方法。

表2-2 传统机器学习方法中的部分监督学习方法

方法	适用任务	学习策略	损失函数	优化算法
感知机 （线性分类器）	二分类	最小化误分点到分类超平面的距离	平方损失	随机梯度下降
朴素贝叶斯 （NB）	多分类	极大后验概率估计	对数似然损失	概率计算公式
决策树 （DT）	多分类或回归	正则化的极大似然估计	对数似然损失	特征选择，生成，剪枝
最大熵模型 （ME）	多分类	正则化的极大似然估计	逻辑斯蒂损失	改进的迭代尺度法等
支持向量机 （SVM）	二分类	最小正则化合页损失，软间隔最大化	合页损失	序列最小最优化算法
提升方法 （Boosting）	二分类	极小化加法模型的指数损失	指数损失	前向分布加法算法
隐马尔可夫模型 （HMM）	标注问题	极大后验概率估计	对数似然损失	EM算法
条件随机场 （CRF）	标注问题	正则化极大似然估计	对数似然损失	改进的迭代尺度法等

无监督学习（Unsupervised Learning）又称为无导师学习，是指算法根据没有标签的样本来解决各种问题的过程。现实生活中经常会出现如下情况：①缺乏足够的先验知识，有些数据难以标注；②人工标注的成本太高；③有无穷多的可行解，无法确定哪一种最优或者这些解都是可接受的。因此，我们希望机器或者算法能够脱离人为的标签，来完成这些任务，或者辅助完成这样的任务。在无监督学习中，数据集中的样本只有特征，没有标签，这些标签是模型根据特征按某种规则归纳得出的。近年来，无监督学习受到越来越多的关注，无监督学习因为不需要人参与，所以训练数据量可以更大。在传统机器学习算法中，聚类算法和主成分分析PCA是两个最有代表性的无监督学习算法。图2-2展示了K-Means聚类算法的结果。对于同样的特征点，使用不同的迭代初始值可能会得到完全不同的结果。这也反映了无监督学习算法的一个问题——难以衡量高维数据的相似度，直观的评价标准还是具有人为的主观性。

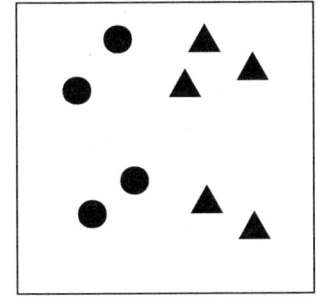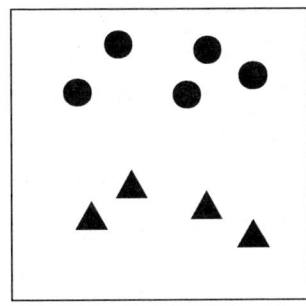

图 2-2 K-Means 聚类的结果

半监督学习（Semi-Supervised Learning）是有监督学习和无监督学习相结合的一种学习方法，它既利用了有标签的数据，也利用了没有标签的数据，因此人为的参与度较少，同时准确度也比较高。半监督学习有三个常用的基本假设：平滑假设（Smoothness Assumption）、聚类假设（Cluster Assumption）和流形假设（Manifold Assumption）。究其根本，这三个假设说的都是一回事——对于两个样本，如果它们在稠密区域距离很近或者位于同一簇中，则它们的标签有很大概率相同。通过这样的假设设计出的算法，我们可以利用半监督学习得到比只用带标签数据的监督学习更好的结果。

监督学习、无监督学习和半监督学习都是以是否有数据的标签来分类，而深度学习和强化学习是按照算法模型的结构和功能取的名字。

深度学习（Deep Learning）是指深层的人工神经网络结构，这种结构通过深度的网络不断提取高层次的特征来达到非常优秀的结果。深度学习是一种基于数据表征学习的方法，动机在于模拟人脑的分析过程，从底层特征到高层特征——建模。深度学习有几种比较有代表性的网络结构，比如前馈神经网络——多层感知机（Multi-Layer Perceptron，MLP）和卷积神经网络（Convolutional Neural Network，CNN），反馈神经网络——循环神经网络（Recurrent Neural Network，RNN）。这些结构根据其特点有不同的功能，同时也可以组合起来使用，来更好地利用它们各自的特点。

深度学习也有监督学习、无监督学习和半监督学习之分。在众多深度学习模型中，监督学习方法占大多数（虽然有些方法称为非监督深度学习，实际是通过一些其他的方法间接地获得标签，而不是人为标定标签），包括卷积神经网络、循环神经网络和多层感知机完成的大多数分类、回归等任务；无监督学习方法也是近期的研究热点，包括编码解码器（Encoder Decoder)、生成对抗网络(Generative Adversarial Network，GAN)、深度信念网络(Deep Belief Network，DBN)和深度玻尔兹曼机(Deep Boltzmann Machine，DBM)等结构完成的特征降维和概率分布估计等任务。

目前深度学习在很多任务上都达到了非常好的结果。例如，基于卷积神经网络的图像识别、物体检测、语义分割等任务，基于循环神经网络的动作检测、语音识别、机器翻译等任务。然而，深度学习也有很多缺点：网络的可解释性不强——大多数网络结构并不能让人清楚知道每一层学习到的是什么；训练代价太大——动辄几天的训练时间和大量的运算加速器让人难以接受；优化困难——深层的结构让基于梯度的优化变得艰难……当然这些问题目前也有大量研究人员尝试解决，例如人工推演网络的参数、使用预训练的网络参数来加速训练等。

强化学习(Reinforcement Learning)又称为再励学习，是通过智能体(Agent)以试错的方式进行的学习。不同于之前所讲的监督学习与无监督学习，强化学习并不需要真实的标签来指导模型的修改。它是通过智能体不断与环境进行交互来获得奖励或者惩罚，目标是使智能体最终获得的奖励值最大。

强化学习非常适合那些没有绝对的正确标准的任务，如棋牌类对弈、公路自动驾驶策略、游戏中的人机对战等。这里以自动驾驶中的决策过程为例，汽车从出发地驶往目的地的路线并没有绝对的正确标准，因此很难人为地规定学习的标签，我们只能给予它一些正确和错误的规则，比如"与其他车发生碰撞"会得到惩罚而"安全无事故地到达了目的地"则会得到奖励。通过这些奖励和惩罚的措施，我们想让智能体"自发"地决定应该如何行驶才能获得最大的奖励。因此，强化学习和一句老话很像——"不管黑猫白猫，抓住老鼠的就是好猫"。

强化学习是一种思想，它突破了传统"问题只有唯一答案"的想法，成为目前火热地解决决策问题的一种机器学习算法。在解决问题的过程中，强化学习经常会与深度学习相结合从而使模型获取强大的特征提取和综合能力，这种模型被称为深度强化学习(Deep Reinforcement Learning)。

◆◇ 第二节　数据预处理

数据对于机器学习算法的重要性就如同空气对于人的重要性。数据的质量直接影响模型的效果，在这一节中，我们将会介绍几种常用的数据预处理方法与流程。

一、数据清洗

数据清洗，顾名思义就是将数据集中的"脏"数据去除。在这个大数据的时代，我们在获取海量数据的同时，肯定会遇到很多"脏"数据，这些"脏"数据主要包括残缺的数据、错误的数据和重复的数据等。这些数据显然是我们不想要的，因此我们就需要根据某种规则将它"清洗"掉，这就是数据清洗。注意，数据清洗的工作一般由计算机完成，而不是人工去除。

数据清洗的步骤主要包括：分析数据、残缺数据处理、错误数据处理和重复数据处理等。

首先，当得知任务需求之后，为了满足需求，就会去寻找相应的数据。获得数据后，就需要对数据进行统计分析，观察合理的数据大概是什么样的，看看哪些数据是不合理的，同时了解基本的数据情况。既然是统计分析，我们可以利用一些数学上的统计工具来协助完成，例如直方图、散点图等，通过观察图像，可以很容易地找到那些不合理的数据样本。

缺失数据是不可避免的。我们在网上爬取的数据不一定包含所有我们需要的属性，每一个独立的数据样本可能会包含不同的缺失值。有些人对于缺失值就直接删去，而有些人则是将它们赋予 0 或者其他特殊的值。那么究竟应该怎么做呢？我们应当根据实际情况选择不同的处理方式。就如同 10000 个样本中，有缺失属性的样本只有 5 个，我们可以直接删除，因为删除对整体的数据影响不大；而如果 10000 个样本中有 90% 的样本都存在缺失属性的问题，或者这些存在缺失数据的特征维度非常重要，我们就需要仔细考虑解决方式了。通常，对于缺失数据我们有以下几种处理方式。

①直接删去。这种方法适合缺失数据少，并且缺失数据随机出现，删除对结果影响不大的情况。

②赋予一个常量。例如，我们可以将缺失的属性赋予 0 或者 Unknown

值，但是这样处理的效果不一定好，因为算法可能会将赋予的常量当作数据本身的属性值，因此该方法使用较少。

③赋予均值或中位数。与赋予常量不同，该方法赋予的是这一属性维度的统计特征，处理简单，与直接删去相比也不会减少样本数量。但是赋予的缺失数据可能会存在偏差。

因此，对于数据分布正常的数据，我们可以用均值来赋予；而对于数据分布不对称或倾斜的情况，用中位数可能比均值更好。

④插补法。使用现有未缺失数据通过某种方法来生成该缺失数据。

• 随机插补法：随机选取一个未缺失的值来填充该缺失的部分；

• 热平台插补法：在非缺失的数据中找到一个与缺失样本最相似的样本，使用该样本对缺失的部分进行填充；

• 拉格朗日插值法或牛顿插值法。

⑤建模法。可以使用机器学习中的方法对数据进行建模，然后进行推理预测。比如可以构造一棵决策树来预测缺失的值。

以上几种方法各有优缺点，具体使用时我们需要根据数据的分布情况和缺失情况来综合考虑。一般而言，建模法是使用较多的方法，因为它能建模未缺省数据来预测缺失值，准确率较高。

错误数据又称为异常值，也称离群点。在分析数据时，我们可以通过画图的方法很容易找到离群点，但是画图的目的毕竟是通过人来判断离群点，并且数据量大时，画图的效率很低。在这里，我们继续介绍一些分析错误数据的方法。

①通过简单的数据分析。对于收集的数据，我们一般会对其中的属性值有大概的先验感受。我们可以利用这种先验来制定某种规则，从而筛选出错误的数据。例如，人的身高体重不可能存在负值，人的年龄不可能超过200岁等。

②3-sigma原则。对于服从正态分布的数据，异常值是那些观测值与均值的偏差超过三维标准差的数据。对于正态分布，我们很清楚地知道$P(|x-\mu|>3\sigma)\approx0.003$，因此这部分数据属于小概率情况。

③箱形图。通过寻找数据的上四分位值P和下四分位值Q来估计数据大概的上界和下界，那些超过上、下界的数据就被称为异常值。因为有25%的数据可以变得任意远而不会影响四分位值，因此四分位值具有很强的稳定性。利用箱形图来判断错误数据是一种非常常见的方法。

$$upperbound = P + 1.5(P-Q)$$
$$lowerbound = P - 1.5(P-Q)$$

④建模法。在分析异常数据时同样可以通过建模的方法来判断，对于那些不能很好拟合模型的数据，就可以判断为异常值。对于聚类的模型，那些不属于任何一类的数据被称为离群点；对于回归模型，那些偏离预测值的数据被称为离群点。在了解数据分布的时候建模法效果通常比较好，但是对于高维数据效果可能很差。

⑤基于距离。比较任意两个样本的空间距离，对于那个远离其他样本的样本可以视为离群点。该方法操作简单，但是计算复杂度很高，并且对于那种多簇分布、数据密度不均的情况适用度不高。

⑥基于密度。如果一个样本的局部密度低于它的大部分临近样本的密度，我们可以视它为离群点。

在识别出错误数据之后，对于错误数据的处理也类似于缺省值。

①直接删去。对于错误数据少的情况比较适用。

②不做处理。对于异常值可以采用这种方式，但是如果算法对于离群点很敏感，尤其是基于度量距离的算法，如 K-means 和最近邻等，不建议使用。

③将异常值删除，视为缺省值，并且按照缺省值的处理方法来处理。

缺省数据和错误数据是两个比较严重的问题，在解决了这两个问题之后，数据集中的样本基本"正常"。下一步需要做的就是去除重复数据，保证数据集中且相同特征的数据只有一份。去重的方法有很多，包括直接比较、排序后删除相邻重复数据，使用哈希函数映射后再进行匹配可以提高比较效率，利用"集合"(Set)这种数据结构可以很方便快捷地去重等。

二、数据集拆分

在清洗数据之后，我们就可以正式使用数据集了。根据之前的介绍，我们知道模型应当在训练集上进行训练，训练结束后在测试集上进行评价。但是由于训练迭代次数太多很有可能引起过拟合，而训练迭代次数不足会导致欠拟合，我们不知道训练的次数应该选取多少为优。因此，我们还需要另外一个与它们都不相交的集合——验证集(Validation Dataset)。在机器学习中，我们通常将获得的数据集分为三份。

①训练集(Training Dataset)：用于模型迭代训练的数据集。

②验证集(Validation Dataset)：用于预防过拟合的发生，辅助训练过程的数据集。

③测试集(Test Dataset)：用于评估最终训练好的模型性能的数据集。这里需要注意的一点是测试集在训练的过程中是不可见的，我们在训练的时候能评估模型好坏的数据集只有验证集，而不应该在训练时直接使用测试集来评估训练，更不应该将测试集加入训练集中参与模型的训练。在训练过程中，参与模型训练的只有测试集中的数据，验证集可以辅助我们调整网络的超参数等工作。通常，我们会选择在验证集中评估最好的模型作为最终的输出模型。

通常有以下三种划分数据集的方法。

①留出法(Hold-Out)：留出法将数据集分为两个互斥的集合，通常选择70%的样本作为训练集，剩下30%的样本作为测试集，没有验证集。使用留出法对数据集进行划分时，需要注意训练集和测试集的数据分布应当相同，不能引入额外的偏差导致对最终模型的训练和评价产生影响。为达到此目的，通常我们需要进行多次划分，然后重复训练和评估，最后取平均作为最终留出法的评估结果。

②K-折交叉验证法(K-Fold Cross Validation)：将原始数据均分为 K 个互斥的集合并且尽量保证每个集合的数据分布一致。如此，就可以获取 K 组训练集-测试集对，从而可以进行 K 次训练和测试，最终再通过 K 次交叉验证取平均得到评估结果。通常，K 的取值为5、10、20等。

③自助法(Bootstrap)：自助法主要通过自助采样的方式进行：初始数据集大小为 m 个样本，每次从数据集中选出一个样本放入训练集中（初始训练集为空，选出的数据并不从原始数据集中删除），这样的操作重复 m 次，那么我们就得到了包含 m 个样本的训练集，最后从原始数据集中选出不在训练集中的那部分样本作为测试集。如此，一个样本不被选入训练集的概率为：

$$p = \left(1 - \frac{1}{m}\right)^m$$

当数据集很大时，该概率为：

$$p = \lim_{m \to \infty} \left(1 - \frac{1}{m}\right)^m = \frac{1}{e} \approx 0.368$$

自助法在多次实验下的性能评估变化小,适合数据集小且难以划分的情况。此外,自助法在集成学习中应用非常广泛,可以通过多次自助采样来生成多个弱分类器,然后集合为一个强分类器。但是自助法在采样的过程中会引入重复的数据,因此会改变数据分布,引入偏差,在数据量足够大的情况下,使用留出法和交叉验证法的效果会更好。

三、数据集不平衡

数据集不平衡的问题很常见,而对于此类任务,如果不对不平衡的数据集做调整,那么机器学习算法的效果会非常差,例如判断罪犯任务。我们知道,生活中大部分人都是守法公民,罪犯占极少数。对于一个10000人的样本,其中的罪犯可能不超过50个,那么如果不对这样的数据集做处理,算法会更倾向于将一个人分类为非罪犯。一个更极端的情况是将所有人都分类为非罪犯,这样的正确率能达到99.5%,但是这显然不是我们想要的模型,因为它没有做任何事。如果要预测的事件比例小于5%,那么这样的事件我们称为罕见事件(Rare Event)。

处理数据集不平衡的问题有很多方法,包括数据层面的重采样、集成算法等方法,这里只介绍对数据集的处理。

数据层面的重采样(Resampling)主要目标大多是增加少数类的样本数量或者减少多数类的样本数量,从而达成基本平衡。常用的几种重采样技术如下。

①随机欠采样(Random Under-Sampling):随机欠采样的目的是降低多数类参与训练的样本数量,从而使多数类和少数类的样本数量趋于平衡。在上例中,我们可以从非罪犯的群体中抽取1%的个体作为训练的负样本,从而达到平衡。随机欠采样的优点是减少了训练样本,提高了训练的速度;缺点是丢弃了很多可能有用的信息,严重时会导致欠采样的数据分布改变。

②随机过采样(Random Over-Sampling):随机过采样与随机欠采样的目的相反,它的目标在于通过复制少数类的样本来增加少数类的数量。在上例中,我们可以将罪犯的群体复制100倍从而达到平衡。随机过采样不会丢失那些有用的信息,但是单纯地复制少数类的样本很容易导致过拟合。

③基于聚类的过采样(Cluster-Based Over-Sampling):该方法将K-means聚类算法分别用于多数类和少数类样本,然后每一个聚类都被过采样使得所有相同类的聚类都拥有相同数量的样本。在上例中,我们可以将罪犯的

群体和非罪犯群体分别聚类,得到如下结果:

罪犯群体:2个聚类(20,30)

非罪犯群体:4个聚类(4000,3000,2000,500)

然后我们进行过采样,使得每个群体中的所有聚类的样本数相同:

罪犯群体:2个聚类(2000,2000)

非罪犯群体:4个聚类(4000,4000,4000,4000)

通过基于聚类的过采样方法,克服了不同聚类的类间不平衡性,同时也克服了多数类与少数类之间的不平衡性;但是与其他过采样方法相同,该方法也没有逃脱过拟合的可能。

④合成少数类过采样技术(Synthetic Minority Over-Sampling Technique,SMOTE):该过采样方法并不是完全相同地复制少数类样本,而是将新产生样本与原来的样本作一些改变再加入数据集中。通常做法是,选取少数类中的若干点,然后对于点 A,寻找距离它最近的 m 个少数类的点,再从中随机选出一个点 B,最后将线段 AB 连线上的任意一点加入数据集中作为新的少数类点。这种过采样方式可以缓解过拟合问题,且不会有信息损失,但是由于没有考虑每个少数类点周围的多数类点的分布,可能会增加多数类与少数类样本的空间重叠,从而引入额外的噪声,且 SMOTE 算法通常对高维数据并不是那么有效。

◆ 第三节 特征工程

一、特征编码

现实应用中,我们使用的数据的种类是多种多样的,例如图像、视频、音频、文本等。而不同类型的数据的原始特征(Raw Feature)也是不同的,因此我们需要将这些原始特征编码为机器学习算法可使用的类型。

图像(Image)。对于图像特征,我们比较熟悉的一种形式是将其表示为三维张量的结构,其中前两个维度是图像的高和宽,最后一个维度与图像的颜色空间有关。对于彩色图像,它的颜色空间一般为红-绿-蓝(RGB)、色调-饱和度-亮度(HSI)等;对于灰度图像,它的颜色空间仅仅只有灰度值一个维度。一般地,考虑到图像特征提取过程中产生的中间特征图(Feature Map），通常把它的第三维称为通道（Channel），它反映了图像中每个像素点的特征向量。因此，图像的原始特征空间大小为$[0, 255]^{m \times n \times c}$，其中 m 为图像的高、n 为图像的宽、c 为图像的通道数。

在传统机器学习算法中，一般会将图像的原始特征进行进一步的特征提取，得到高层次的特征后再进行特征的学习、分类等工作。一个典型例子是基于图像的行人检测任务，具有代表性的做法是首先对图像提取梯度直方图特征（Histogram of Gradient，HOG），然后利用支持向量机（Support Vector Machine，SVM）对其中的候选区域分类。

在当今的深度学习时代，由于深度神经网络拥有强大的提取特征的能力，我们经常会直接对图像的原始特征进行处理。

文本（Text）。机器学习算法能够直接利用的特征大多是数值量化后的特征（也有例外，如决策树等），而文本特征就是这一类需要进行特征编码才能使用的特征。以中文文本为例，若需要将"我爱你"进行编码，最简单的做法就是将每个字按顺序编码，如"我"：00，"爱"：01，"你"：10。对于每个文字，都可以从字库 V 中找到对应的编码，编码的长度为$[\log|V|]$。这种编码方式简单快捷，编码长度短，但是编码的可解释性较差，不利于数值计算中的特征提取过程。用户可能会发现"我"和"你"的编码平均值是"爱"，这其实是不合理的。因此，该编码方式应用场景不大。

另一种比较简单的编码方式是 One-Hot 编码，如"我"：001，"爱"：010，"你"：100。对于每个文字，都通过向量的某一位设置 1 来编码，编码的长度为字库的大小 V。这种编码方式能很快得到稀疏编码，文字特征之间相互垂直，但是当字库非常庞大时，特征向量的维度会非常大，这将导致维度灾难。

考虑到文字之间的相关性，我们可以将这种 One-Hot 向量压缩为较低维的向量。这个过程称为词嵌入（Word Embedding），即将高维的特征向量嵌入到低维空间中，并且映射前后的信息应当不被损失，一个典型的词嵌入方法就是 word2vec。对于两个意思相近的词，它们的"距离"也应当近；对于意思不同的词，它们的"距离"应当远。这种考虑词语语义上下文的编码方式目前使用最广泛。

二、特征选择

特征选择就是选择出对模型的预测有用的特征,将那些无用的、有干扰的特征去除的过程。在实际应用中,我们通常能得到海量的数据和它们的特征。一方面,特征的数量很多可能会导致学习到一些与实际不相关的特征,模型的性能从而有所下降;另一方面,大量的特征对于模型的学习本就是一种负担,最终导致模型需要花费大量时间来训练,同时模型也会变得很复杂,严重时则会导致维度灾难(Curse of Dimensionality),即维度增加会导致计算量以指数速度增长。

为了避免维度灾难的问题,我们就需要从全部特征中选择出一个最优的特征子集,使得在某个评价指标下,训练数据和测试数据的评估效果最好。因此,特征选择通常有三种做法。

①从大量特征中选出固定数量的特征,并且使得模型效果最好。这是一个无约束的组合优化问题。

②对于给定的目标性能,找到数量最小的特征子集。这是一个有约束的最优化问题。

③在模型性能和特征数量之间找到一个折中点。

不幸的是,这三个问题都是 NP 难问题,当可选特征数量很大时,寻找最优解变得不可能。所以,我们的目标就变为寻找一个较优的特征子集。

一种简单直接的特征选择方法是子集搜索(Subset Search)。原始特征数量为 d 的非空子集数量为 2^d-1 个。我们可以通过穷举法尝试所有特征子集,然后选择最优的结果,这种暴力搜索的方法耗时最多,但是理论上可以找到最优子集。为了权衡搜索速度和特征子集的质量,可以加入贪心策略。常用的两种贪心策略为:从空集合开始不断选择当前最优特征的前向搜索法(Forward Search)和从全集开始不断删去无用特征的反向搜索法(Backward Search)。

此外,子集搜索的方法也能分为过滤式和包裹式两种。

①过滤式(Filter)方法不依赖将要使用的算法模型,通过信息量或信息增益来衡量特征的有用与无用的程度,然后向空集中加入有用特征或从全集中删除无用特征。

②包裹式(Wrapper)方法依赖将要使用的算法模型,它通过后续算法模型的评价指标来衡量当前特征的有用与否,然后向空集中加入有用特征或

从全集中删除无用特征。

另一种获得较优特征子集的过程借助了一些随机算法,比较有代表性的有模拟退火算法(Simulated Annealing)和遗传算法(Genetic Algorithm)。这些算法都是通过某种规则随机地寻找优化函数的最优点,但不一定保证是全局最优。

三、降维算法

降维是一种对高维度特征数据预处理的方法。降维是将高维度的数据保留下最重要的一些特征,去除噪声和不重要的特征,从而实现提升数据处理速度的目的。

(一)非负矩阵分解

矩阵分解是指将一个矩阵分解成两个或者多个矩阵的乘积。$V_{F \times N}$ 可以分解为两个或多个矩阵的乘积,若将 $V_{F \times N}$ 分解为 $W_{M \times K}$ 和 $H_{K \times N}$,则:

$$V_{F \times N} = W_{M \times K} \times H_{K \times N} \tag{2-1}$$

式中,$W_{m \times k}$ 和 $H_{K \times N}$ 均大于或等于 0。

简单来说,非负矩阵分解是在矩阵分解的基础上对分解完的矩阵加上非负的限制条件,即:

$$V_{F \times N} = W_{M \times K} \times H_{K \times N} = \hat{V}_{F \times N}$$
$$\text{s.t.} W_{M \times K} \geq 0, H_{K \times N} \geq 0 \tag{2-2}$$

如图 2-3 所示。

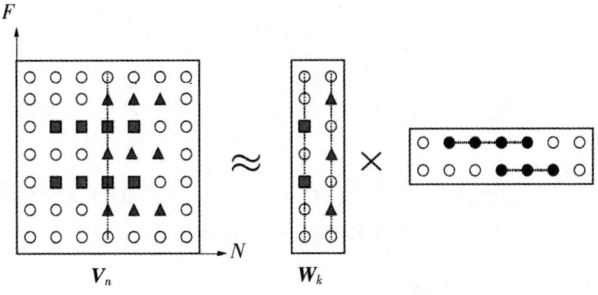

图 2-3 非负矩阵分解示意图

为了能够定量地比较矩阵 $V_{F \times N}$ 和 $\hat{V}_{F \times N}$ 的近似程度，定义了两种损失函数，欧几里得距离和 KL 散度。

$$\|A - B\|^2 = \sum_{ij} (A_{ij} - B_{ij})^2$$
$$D(A \| B) = \sum_{ij} \left(A_{ij} \log \frac{A_{ij}}{B_{ij}} - A_{ij} + B_{ij} \right) \quad (2-3)$$

式中，$D(A \| B) \geq 0$，当且仅当 $A = B$ 时取等号。最小化问题则为如下公式所示：

$$\min \|V - WH\|^2$$
$$\text{s.t.} W \geq 0, H \geq 0 \quad (2-4)$$

和

$$\min D(V \| WH)$$
$$\text{s.t.} W \geq 0, H \geq 0 \quad (2-5)$$

优化问题求解如下。

对于欧几里得距离的损失函数：

$$W_{i,k} = W_{i,k} \frac{(VH^T)_{i,k}}{(WHH^T)_{i,k}}$$
$$H_{k,j} = H_{k,j} \frac{(W^T V)_{k,j}}{(W^T WH)_{k,j}} \quad (2-6)$$

对于 KL 散度的损失函数：

$$W_{i,k} = W_{i,k} \frac{\sum_u H_{k,u} V_{i,u} / (WH)_{i,u}}{\sum_v H_{k,v}}$$
$$H_{k,j} = H_{k,j} \frac{\sum_u W_{u,k} V_{u,j} / (WH)_{u,j}}{\sum_v W_{v,k}} \quad (2-7)$$

上述乘法规则是保证在计算过程中非负，事实上上述乘法规则与梯度下降的算法等价。以下以平方距离为损失函数说明上述过程的等价性。

平方损失函数可以写成：

$$I = \sum_{i=1}^{m} \sum_{j=1}^{n} \left[V_{i,j} - \left(\sum_{k=1}^{r} W_{i,k} \cdot H_{k,j} \right) \right]^2 \quad (2-8)$$

对 $H_{k,j}$ 求偏导数：

$$\frac{\partial I}{\partial H_{k,j}} = \sum_{i=1}^{m}\sum_{j=1}^{n}\left\{2\left[V_{i,j}-\left(\sum_{k=1}^{r}W_{i,k}\cdot H_{k,j}\right)\right]\cdot(-W_{i,k})\right\} \quad (2-9)$$
$$= -2[(W^TV)_{k,j}-(W^TWH)_{k,j}]$$

根据梯度下降

$$H_{k,j}=H_{k,j}-\eta_{k,j}\frac{\partial I}{\partial H_{k,j}} \quad (2-10)$$

即：

$$H_{k,j}=H_{k,j}+\eta_{k,j}[(W^TV)_{k,j}-(W^TWH)_{k,j}] \quad (2-11)$$

令 $\eta_{k,j}=\dfrac{H_{k,j}}{(W^TWH)_{k,j}}$，即能够得到上述乘法更新规则形式。

(二) 主成分分析

主成分分析(Principal Component Analysis，PCA)是一种使用非常广泛的无监督数据降维算法。其主要思想是将 n 维特征映射到 k 维上，k 维全新的正交特征被称为主成分。

假设有 m 个样本数据，每个数据都是 n 维向量，按列组成矩阵 X_{nm}，则 PCA 计算步骤如下：

① 均值化矩阵 X_{nm}，得到 $X=X_{nm}-\overline{X}_{nm}$；

② 求出协方差矩阵 $C=\dfrac{1}{n-1}XX^T$；

③ 求出协方差矩阵 C 的特征值 λ_i 和特征向量 w_i；

④ 选取 k 个最大的特征值对应的特征向量 $w_1, w_2, \cdots, w_k$，组成矩阵 W_{kn}。特征值选择方法如下：

$$\frac{\sum_{i=1}^{k}\lambda_i}{\sum_{i=1}^{n}\lambda_i} \geq t \quad (2-12)$$

式中，t 越大，保留的特征值越多。

⑤ 降维矩阵为：$Y_{km}=W_{kn}X_{nm}$。

PCA 的本质就是将方差最大的方向作为新的主基底(方向)，并且在其各个正交的方向上去相关性。但是 PCA 降维也有一定的限制，诸如 PCA 虽然能够解除线性相关性，但是对于高阶的非线性相关，传统的 PCA 算法就无能为力了，这时可以考虑 Kernel PCA。此外 PCA 作为一种无监督的特征选取器，没有调参的过程，这就意味着谁来做 PCA 都可以得到相同的结果，没有个性化。

(三) 线性判别分析

线性判别分析(Linear Discriminant Analysis，LDA)和 PCA 都是有效的数据降维方法，但不同的是 PCA 属于无监督的数据降维方法，而 LDA 是有监督的数据降维方法。同时 LDA 也是一种线性分类器，对于 k 分类问题，会有 k 个线性函数。

$$y_k(x) = w_k^T x + w_{k0} \tag{2-13}$$

当满足条件时，对于所有的 j，都有 $Y_k > Y_j$，此时就表明 x 属于类别 k，对于每一个分类，都有一个公式去计算分类值，在所有公式得到的分类值中，找到一个最大的值，就是所属的分类。

假设二分类的投影函数为：

$$y = w^T x \tag{2-14}$$

LDA 分类的一个目标是使得不同的类别之间距离越远越好，同一类别之间的距离越近越好，因此需事先定义几个关键值。

类别 i 的原始中心点：

$$m_i = \frac{1}{n_i} \sum_{x \in D_i} x \tag{2-15}$$

类别 i 投影后的中心点为：

$$\widetilde{m_i} = w^T m_i \tag{2-16}$$

衡量类别 i 投影后，类别点之间的方差为：

$$\widetilde{s_i} = \sum_{y \in Y_i} (y - \widetilde{m_i})^2 \tag{2-17}$$

最后得到表示 LDA 投影到 w 后的损失函数：

$$J(w) = \frac{|\widetilde{m_1} - \widetilde{m_2}|^2}{\widetilde{s_1}^2 + \widetilde{s_2}^2} \tag{2-18}$$

其中分母表示每一个类别内的方差之和，方差越大表示一个类别内的点越分散，分子为两个类别各自的中心点的距离的平方，最大化 $J(w)$ 就可以求出最优的 w 解。

首先定义一个投影前的各类别分散程度的矩阵，若某一分类的输入点

集合 D_i 中的点距离分类中心点 m_i 越近，则 S_i 的值就越小。

$$S_i = \sum_{x \in D_i} (x - m_i)(x - m_i)^{\mathrm{T}} \tag{2-19}$$

将式(2-19)代入式(2-18)，则分母为：

$$\widetilde{s_i} = \sum_{x \in D_i} (w^{\mathrm{T}} x - w^{\mathrm{T}} m_i)^2 = \sum_{x \in D_i} w^{\mathrm{T}}(x - m_i)(x - m_i)^{\mathrm{T}} w = w^{\mathrm{T}} S_i w$$

$$\widetilde{s_1}^2 + \widetilde{s_2}^2 = w^{\mathrm{T}}(S_1 + S_2) w = w^{\mathrm{T}} S_w w \tag{2-20}$$

分子为：

$$|\widetilde{m_1} - \widetilde{m_2}|^2 = w^{\mathrm{T}}(m_1 - m_2)(m_1 - m_2)^{\mathrm{T}} w = w^{\mathrm{T}} S_B w \tag{2-21}$$

则损失函数转化为：

$$J(w) = \frac{w^{\mathrm{T}} S_B w}{w^{\mathrm{T}} S_w w} \tag{2-22}$$

使用拉格朗日乘子法，将分母长度限制为1，代入得到：

$$c(w) = w^{\mathrm{T}} S_B w - \lambda(w^{\mathrm{T}} S_w w - 1)$$

$$\frac{\mathrm{d}c}{\mathrm{d}w} = 2 S_B w - 2 \lambda_w w = 0 \tag{2-23}$$

$$S_B w = \lambda_w w$$

上式就是一个求特征值的问题，对于 $N(N>2)$ 的分类问题：

$$\left.\begin{array}{l} S_W = \sum_{i=1}^{c} S_i \\ S_B = \sum_{i=1}^{c} n_i (m_i - m)(m_i - m)^{\mathrm{T}} \\ S_B w = \lambda_w w \end{array}\right\} \tag{2-24}$$

当求出第 I 类的特征向量，就是对应的 w_i。

四、特征标准化

我们搜集到的特征一般是有某种含义的，例如判断一个人是否身体健康，我们可能提取身高、体重、血压、红细胞计数等特征作为参考。但是如果这些特征不作任何处理，机器学习算法可能不能得到很好的效果。以此为例，大部分成人的身高在150～200 cm，极差大概为50 cm；但是每个人的红细胞计数可能相差很大，每立方毫米的计数在400万～550万都是正常的，极差大概为150万。由于特征之间的量纲不同，每一个特征如果没有归一化，完全没有可比性。如果不经归一化就进行 PCA 降维，那么就会筛除掉很多可能有用的特征。

特征归一化又称为特征标准化，其目标就在于使不同特征的量纲一致，并且数据变为 0 至 1 之间的小数。常用的标准化算法如下。

①线性标准化：

$$y = \frac{x - MinValue}{MaxValue - MinValue}$$

②标准差标准化：

$$y = \frac{x - \bar{x}}{\sigma}$$

③Logistic 标准化：利用逻辑斯蒂函数进行非线性映射。

$$y = \frac{1}{1 + e^{-x}}$$

④反正切函数标准化：利用反正切函数进行非线性映射。

$$y = \frac{\arctan(x) \times 2}{\pi}$$

⑤小数定标标准化：直接移动小数点的位置来实现标准化，其中 i 是使得最大的 y 小于 1 的最小值。

$$y = \frac{x}{10^j}$$

特征的标准化是一种定制的操作，需要根据实际数据的特点进行设计。除上述方法外，还有很多其他方法。

综上所述，线性标准化适用于样本分布比较均匀的情况；标准差标准化适用于样本近似于正态分布，或者当最大值最小值未知，以及在最大最小处存在孤立点的情况；而非线性映射的方法通常用于数据分化比较大的情况，即有的数据很大，有的数据很小，通过非线性函数映射，使得数据变得尽量均匀或"有特点"。

第四节　模型评估

获得了训练数据，做了数据清洗并选择了备选特征，训练了模型参数，最后一步便是评估该模型的好坏。在训练的时候，模型评估的工作在验证集上进行;在测试的时候,模型评估的工作在测试集上进行。

对于回归问题,可供选择的评价指标较少,大部分情况下会选择平均平方误差、平均绝对误差、平均对数误差等指标进行评价,或者针对特定问题设计特定的评价指标。这里不作过多的介绍。

对于分类问题,我们总能得到类别 $H_{k,j}$ 预测结果的混淆矩阵,如表 2-3 所示。

表 2-3 类别预测结果的混淆矩阵

真实类别	y 值	预测类别	
		$\hat{y}=c$	$\hat{y}\neq c$
	$y=c$	TP	FN
	$y\neq c$	FP	TN

在混淆矩阵中,有四个常用的概念,分别是:

真正例(True Positive,TP):真实类别为 c 且预测结果也为 c 的样本。

假负例(False Negative,FN):又称为假阴性样本,真实类别为 c 却预测为其他类别的样本。

假正例(False Positive,FP):又称为假阳性样本,真实类别不为 c 却预测为类别为 c 的样本。

真负例(True Negative,TN):真实类别不为 c 且预测结果也不为 c 的样本。

根据这四个概念,我们可以得到如下常用的评价标准。

准确率(Accuracy):衡量分类结果的正确性,一般最常用。

$$Accuracy = \frac{1}{N} \sum_{i=1}^{N} I(y_i = \hat{y}_i)$$

式中,$I(\cdot)$ 为指示函数,相等为 1,不等为 0。对于二分类问题,准确率也等于:

$$Accuracy = \frac{TP+TN}{TP+FN+FP+TN}$$

错误率(Error Rate):与准确率对应的就是错误率。

$$ErrorRate = 1 - Accuracy = \frac{1}{N} \sum_{i=1}^{N} I(y_i \neq \hat{y}_i)$$

对于二分类问题,错误率也等于:

$$ErrorRate = \frac{FN+FP}{TP+FN+FP+TN}$$

准确率和错误率对于评价模型是远远不够的,现在考虑这样一种场景:一个任务的真实类别中,有99个是负样本,只有1个是正样本;或者有99个正样本,仅有1个是负样本。那么模型有可能会将结果全部预测为负样本或者正样本,这其实是我们不想看到的结果,因为模型相当于什么都没有做。因此,我们还需要考虑其他的一些性能指标,用于区别这种实际中常见的情况。

查准率(Precision):又称为精确率或精度,代表的是预测为类别 c 的样本中有多少预测正确了。

$$Precision = \frac{TP}{TP+FP}$$

查全率(Recall):也称为召回率,代表真实标签为类别 c 的众多样本中有多少被真正检测出来了。

$$Recall = \frac{TP}{TP+FN}$$

查准率与查全率往往不能兼得,例如在物体检测的应用中,随着最终置信度的阈值调整,查准率与查全率此消彼长,因此平衡二者的关系主要看实际应用场景。

F值(F Measure):综合查准率与查全率两者关系的一个综合性指标。

$$F = \frac{(1+\beta^2) \cdot Precision \cdot Recall}{\beta^2 \cdot Precision + Recall}$$

式中,β值用于平衡精确率与召回率,一般取值为1,称为$F1$值。

宏平均(Macro Average)和微平均(Micro Average)是用于计算所有类别整体的精确率、召回率和$F1$值的方法。宏平均计算的是每一类的精确率、召回率和$F1$值的算术平均值:

$$Precision_{macro} = \frac{1}{C} \sum_{c=1}^{C} Precision_c$$

$$Recall_{macro} = \frac{1}{C} \sum_{c=1}^{C} Recall_c$$

$$F1_{macro} = \frac{2 \cdot Precision_{macro} \cdot Recall_{macro}}{Precision_{macro} + Recall_{macro}}$$

微平均计算的是每一个样本的精确率、召回率和$F1$值的算术平均值。由于对单个样本而言,精确率和召回率是相同的,要么是0,要么是1,因此精确率的微平均和召回率的微平均是相同的。对于不同类别样本数量不均衡的情况，使用宏平均更合理，宏平均更关注少数类的评价指标。最后，我们又回到数据集划分时谈到的交叉验证(Cross Validation)。交叉验证可以避免由划分训练集和测试集带来的破坏数据分布的问题。因此，通过交叉验证，我们可以缓解不同划分带来的性能评估不准的问题。

◆◇ 第五节 本章小结

本章系统介绍了机器学习的基本概念、方法及其应用。首先，明确了机器学习的定义和基本术语，并理解了其三要素：模型、算法和目标函数。此外，还介绍了机器学习的方法框架，包括监督学习、无监督学习和半监督学习等主要类型。在"数据预处理"部分，重点讨论了数据清洗、拆分及不平衡问题。"特征工程"部分则强调了特征选择、降维和标准化的重要性。特征选择可以帮助去除冗余信息，提高模型效率；降维算法能减少维度，降低计算成本；标准化处理使特征分布一致，有助于模型收敛。最后，"模型评估"部分介绍了验证策略和评价指标。通过交叉验证等方法，我们能够更准确地估计模型性能；同时，评估指标如精确率、召回率等为我们提供了衡量模型效果的标准，为后续章节奠定了基础。

第三章 深度学习基础

深度学习(Deep Learning)是近年来计算机专业发展十分迅速的研究领域之一,并且在人工智能的很多子领域都取得了突破性的进展。特别是在2016年年初,由Deep Mind公司研发的AlphaGo以4:1的成绩击败了曾18次荣获世界冠军的围棋选手李世石(Lee Sedol)。AlphaGo声名鹊起,一时间"人工智能""机器学习""深度神经网络""深度学习"的报道在媒体铺天盖地般宣传下席卷了全球。那么"人工智能""机器学习""深度神经网络""深度学习"之间有什么样的关系呢?人工智能自20世纪50年代提出以来,经过几十年的发展,目前研究的问题包括知识表现、智能搜索、推理、规划、机器学习与知识获取、组合调度问题、感知问题、模式识别、逻辑程序设计软计算、不精确和不确定的管理等。人工智能包括机器学习,机器学习主要解决的问题为分类、回归和关联,其中最具代表性的有支持向量机、决策树、逻辑回归、朴素贝叶斯等算法。深度学习是机器学习中的重要分支,由神经网络深化而来,如图3-1所示。

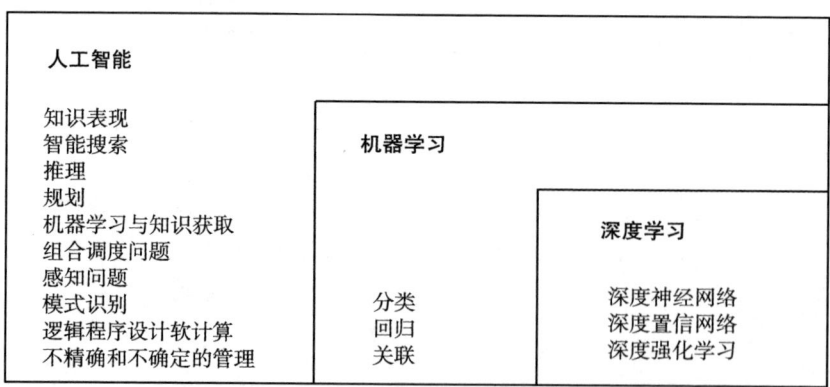

图3-1 人工智能、机器学习与深度学习的关系

本章将从深度学习发展历程开始，介绍早期的感知机模型，然后引出前馈神经网络，对前馈神经网络基本组件、网络结构和学习方法进行深入讲解，最后介绍一些提升神经网络训练的技巧。

◆ 第一节 深度学习发展历程

早期绝大多数机器学习与信号处理技术都使用浅层结构，在这些浅层结构中一般含有一到两层非线性特征变换，常见的浅层结构包括支持向量机、高斯混合模型、条件随机场、逻辑回归等。目前的研究已经证明，浅层结构在解决大多数简单问题或者有较多限制条件的问题上效果明显，但是受制于有限的建模和表示能力，在遇到一些复杂的涉及自然信号的问题（如人类语言、声音、图像与视觉场景等）时就会陷入困境。

受人类信息处理机制的启发，研究者们开始模仿视觉和听觉等系统中的深度层次化结构，从丰富的感官输入信号中提取复杂结构并构建内部表示，提出了更高效的深度学习方法。追溯到20世纪40年代初，美国著名的控制论学家Warren Maculloach和逻辑学家Walter Pitts在分析与总结生物神经元的基本特征后，设计了一种人工神经元模型，并指出了它们运行简单逻辑运算的机制，这种简单的神经元被称为M-P神经元。20世纪40年代末，心理学家Donald Hebbian在生物神经可塑性机制的基础上提出了一种无监督学习规则，称为Hebbian学习。同期Alan Turing的论文中描述了一种"B型图灵机"。之后，研究人员将Hebbian学习的思想应用到"B型图灵机"上。到了1958年，Rosenblatt提出可以模拟人类感知能力的神经网络模型——感知器（Perceptron），并提出了一种接近人类学习过程的学习算法，通过迭代、试错使得模型逼近正解。在这一时期，神经网络在自动控制、模式识别等众多应用领域取得了显著的成效，大量的神经网络计算器也在科学家们的努力中问世，神经网络从萌芽期进入第一个发展高潮。

然而好景不长，1969年，Minsky和Papert指出了感知机网络的两个关键缺陷：第一个是感知机无法处理异或回路问题；第二个是当时的计算资源严重制约了大型神经网络所需要的计算。以上两大缺陷使得大批研究人员对神经网络失去了信心，神经网络的研究进入了十多年的"冰河期"。

1975年，Werbos博士在论文中发表了反向传播算法，使得训练多层神经网络模型成为现实。1983年，John Hopfield提出了一种用于联想记忆和优化计算的神经网络，称为Hopfield网络，在旅行商问题上获得了突破。受此启发，Geoffrey Hinton于1984年提出了一种随机化版本的Hopfield网络——玻尔兹曼机。1989年，Yann Lecun将反向传播算法应用到卷积神经网络，用于识别邮政手写数字并投入真实应用。

神经网络的研究热潮刚起，支持向量机和其他机器算法却更快地流行起来。神经网络虽然构建简单，通过增加神经元数量、堆叠网络层就可以增强网络的能力，但是付出的代价是指数级增长的计算量。20世纪末期的计算机性能和数据规模不足以支持训练大规模的神经网络。相比之下，Vapnik基于统计学习理论提出了支持向量机（Support Vector Machine，SVM），通过核（kernel）技巧把非线性问题转换成线性问题，其理论基础清晰、证明完备、可解释性好，得到了广泛认同。同时，机器学习专家从理论角度怀疑神经网络的泛化能力，使得神经网络的研究又一次陷入低潮。2006年，Hinton等人提出用限制玻尔兹曼机（Restricted Boltzmann Machine）通过无监督学习的方式建模神经网络的结构，再由反向传播算法学习网络内部的参数，使用逐层预训练的方法提取数据的高维特征。逐层预训练的技巧后来被推广到不同的神经网络架构上，极大地提高了神经网络的泛化能力。而随着计算机硬件能力的提高，特别是图形处理器（Graphics Processing Unit，GPU）强大的并行计算能力非常适合神经网络运行时的矩阵运算，计算机硬件平台可以为更多层的神经网络提供足够的算力支持，神经网络的层数不断加深，因此以Hinton为代表的研究人员将不断变深的神经网络重新定义为深度学习。2012年，Hinton的学生Alex Krizhevsky在计算机视觉领域闻名的ImageNet分类比赛中脱颖而出，以高出第二名10个百分点的成绩震惊四座。而发展到现在，随着深度神经网络不断加深，能力不断加强，其对照片的分类能力已经超过人类，2010—2016年的ImageNet分类错误率从0.28%降到了0.03%；物体识别的平均准确率从0.23%上升到了0.66%。深度学习方法不仅在计算机领域大放异彩，也在无人驾驶、自然语言处理、语音识别与金融大数据分析方面都有广泛应用。接下来，我们从感知机——神经网络的起源说起，逐步介绍神经网络的运行机制与其核心算法。

第二节 感知机

本节将介绍感知机(perceptron)算法,并用感知机解决一些简单的问题。感知机算法是由美国科学家 Frank Rosenblatt 在 1957 年提出的,由此揭开了人工神经网络研究的序幕。因此,学习感知器的构造也是在领略通往神经网络的思路。

一、感知机的起源

感知机接收多个输入信号,输出一个信号,如图 3-2 所示。

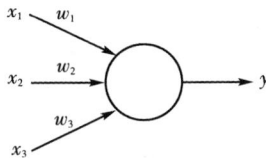

图 3-2 接收三个输入信号的感知机

图 3-2 中感知机接收三个信号,其结构非常简单,x_1, x_2, x_3 代表人们选择的输入信号(input),y 为输出信号(output),w_1, w_2, w_3 为感知机内部的参数,称为权重(weight),图中的〇称为"神经元"或者"节点"。输入信号与权重相乘后求和,与一个阈值(threshold)θ 比较输出 0 或 1,用数学公式表达就是:

$$y = \begin{cases} 0 \left(\sum_j w_j x_j \leq \theta \right) \\ 1 \left(\sum_j w_j x_j > \theta \right) \end{cases}$$

感知机的多个输入信号都有各自的权重,权重越大,对应信号的重要性就越高。为了表达简洁,我们用向量的形式重写上式,其中 w 和 x 都是向量,向量中的元素分别代表权重与输入,并使用偏置(bias)代表值,令 $b=-\theta$,则:

$$y = \begin{cases} 0(w^\mathrm{T} x + b \leq 0) \\ 1(w^\mathrm{T} x + b > 0) \end{cases}$$

当输出 1 时，称此神经元被激活，其中权重 w 是体现输入信号重要性的参数，而偏置 b 是调整神经元被激活的容易程度的参数，此处我们称 w 为权重，称 b 为偏置，但参照上下文有时也会将 w、b 统称为权重。

现在让我们考虑用感知机解决一个简单的问题：使用感知机来实现一个两输入的与门（AND gate）。由与门的真值表（见表 3-1）可以知道，与门仅在两个输入为 1 时输出 1，否则输出 0。

使用感知机来表示这个与门需要做的就是设置感知机中的参数，设置参数 $w=[1,1]$ 和 $b=-1$，可以验证，感知机满足表 3-1 的条件；设置参数 $w=[0.5,0.5]$ 和 $b=-0.6$ 也可以满足表 3-1 的条件。实际上，满足表 3-1 的条件的参数有无数个。

表 3-1 二输入与门真值表

x_1	x_2	y
0	0	0
0	1	0
1	0	0
1	1	1

那么对于二输入的与非门（NAND gate）与或门（OR gate）呢？对照与非门与或门的真值表，设置参数 $w=[-0.2,-0.2]$，$b=-0.3$ 可以让感知机表达与非门；设置参数 $w=[0.4,0.5]$，$b=-0.3$ 可以让感知机表达或门，如表 3-2 和表 3-3 所示。

表 3-2 二输入与非门真值表

x_1	x_2	y
0	0	1
0	1	1
1	0	1
1	1	0

表 3-3 二输入或门真值表

x_1	x_2	y
0	0	0
0	1	1
1	0	1
1	1	1

如上,我们已经使用感知机表达了与门、与非门、或门,其中重要的一点是我们使用的感知机的形式是相同的,只有参数的权重与阈值不同。这里决定感知机参数的不是计算机而是人,对权重和偏置赋予了不同值而让感知机实现了不同的功能。看起来感知机只不过是一种新的逻辑门,没有特别之处。但是,我们可以设计学习算法(learning algorithm),使得计算机能够自动地调整感知的权重和偏移,而不需要人的直接干预。这些学习算法使得我们能够用一种根本上区别于传统逻辑门的方法使用感知机,不需要手工设置参数,也无须显式地排布逻辑门组成电路,可以通过简单的学习来解决问题

二、感知机的局限性

感知机的研究成果让人感到兴奋,但是在1969年,Minksy等人对当时的感知机方法进行了深入的研究,对感知机的"能"与"不能"作了细致的分析。然而当时人们更多地关注了感知机所"不能"解决的问题,悲观地论断了感知机的普适难题也会是神经网络面临的问题,神经网络的研究一度陷入寒冬。

感知机所面临的问题主要分为两个方面。一方面是这类算法只能处理线性可分的问题,即它只能表示由一条直线分割的空间。对于线性不可分的问题,简单的单层感知机没有可行解,一个代表性的例子就是感知机的异或门(XOR Gate)问题,如表3-4所示。

表3-4 二输入或门真值表

x_1	x_2	y
0	0	0
0	1	1
1	0	1
1	1	0

我们已经使用感知机来表示与门、与非门和或门,但是对于这种逻辑电路门,我们找不出一组合适的参数 w 和 b 来满足条件。将或门与异或门的响应可视化,如图3-3所示。

对于图3-3中左侧的或门,对应的感知机表示如下:

$$y = \begin{cases} 0 & (x_1+x_2-0.5 \leq 0) \\ 1 & (x_1+x_2-0.5 > 0) \end{cases}$$

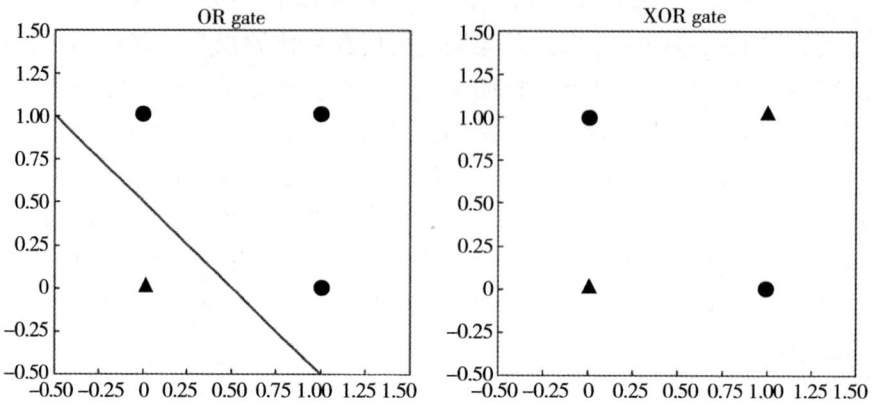

图3-3 感知机的局限性

上式所示的感知机会生成由直线 $x_1+x_2-0.5=0$ 分割开的两个空间,其中一个空间输出1,另一个空间输出0。或门在 $(x_1, x_2)=(0, 0)$ 处输出0,在 (x_1, x_2) 处为(0, 1)(1, 0)和(1, 1)处输出1,而直线 $x_1+x_2-0.5=0$ 正确地分割开了这四个点。而对于异或门,想用一条直线将不同标记的点分开是不可能做到的。

感知机需要人工选择特定的特征作为输入,这就意味着很多问题被转移到了如何提取特征,使得特征的线性关系得以解决。对于这样的特征,还是需要人来提取,感知机爱莫能助,这就极大地限制了感知机的应用,而对于研究者而言,最紧迫的任务是如何自动提取这些复杂的特征。然而当研究者找到自动提取特征的方法时,感知机沉寂了20余年。

◆ 第三节 前馈神经网络

上一节介绍了感知机,了解到感知机隐含着表示复杂函数的可能性,也看到了感知的局限性。而解决感知机困境的方法就是将感知机堆叠,进而形成多层神经网络,研究者们也称其为深度神经网络(Deep Neural Network,DNN)。从这一节开始,我们将从感知机过渡到神经网络,介绍神经网络的基本组成单元——神经元;之后介绍神经网络的层级结构,并讲解如何理解前馈神经网络,给出神经网络可以计算任何函数的可视化证明;然后介绍神经网络的训练与预测,之后介绍使用反向传播算法高效训练神经网络；最后介绍提升神经网络训练效果的技巧。

1975 年，Werbos 博士在其论文中证明将多层感知机堆叠成神经网络，并利用反向传播算法训练神经网络自动学习参数，解决了"异或门"等问题，并给出了多层感知机对于"异或门"的可行解。

使用三个简单感知机 y_1，y_2，y_3 组成一个两层的感知机，可以满足表 3-2 中的异或门响应条件，感知机 y_1，y_2，y_3 的形式如下面 3 个式子所示。不难验证这个两层的感知机对输入信号的响应与异或门一致。

$$y_1 = \begin{cases} 0 & (x_1-x_2-0.5 \leqslant 0) \\ 1 & (x_1-x_2-0.5 > 0) \end{cases}$$

$$y_2 = \begin{cases} 0 & (-x_1+x_2-0.5 \leqslant 0) \\ 1 & (-x_1+x_2-0.5 > 0) \end{cases}$$

$$y_3 = \begin{cases} 0 & (x_1+x_2-0.5 \leqslant 0) \\ 1 & (x_1+x_2-0.5 > 0) \end{cases}$$

虽然多层神经网络的出现解决了感知机的问题，但是相比于同时期的支持向量机算法，多层神经网络缺乏完备的数学理论证明，多层神经网络依然没有得到人们的重视。这也是神经网络一直面临的问题，即使神经网络已经在各领域取得了突破性的进展，其解决问题的"可解释性"依然是研究者们在不断探究的问题，而随着神经网络可视化等研究的发展，研究者们开始触摸到神经网络背后的机制，逐渐完善神经网络的理论体系。

一、神经元

神经元（Neuron）是构成神经网络的基本单元，其主要是模拟生物神经元的结构和特性，接受一组输入信号并产生输出。

20 世纪初生物学家就发现了生物神经元的结构，最近生物学家更完整地显影了神经元的结构。生物神经元由多个树突和一条轴突组成，其中树突用来接收信号，而轴突用来发送信号。随着神经元所获得的输入信号积累到一定水平，神经元就开始处于兴奋状态，并发出电脉冲信号。神经元轴突尾端有许多末梢与其他神经元的树突产生连接，通过这些连接，神经元产生的电脉冲信号传播到与它连接的其他神经元。心理学家 McCulloch 和数学家 Pitts 根据生物神经元的结构，将一种简单的人工神经元模型逐渐发展为现代人工神经元模型。

现代人工神经元模型由连接、求和节点和激活函数组成，如图3-4所示。

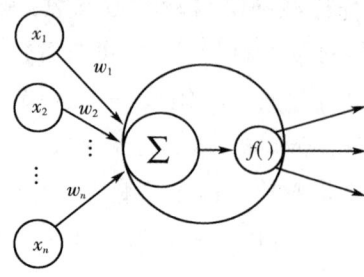

图3-4　人工神经元结构图

神经元接受 n 个输入信号 $x_1, x_2, \cdots, x_n$，用向量 $x = [x_1, x_2, \cdots, x_n]$ 表示，神经元中的加权和称为净输入。

$$z = \sum_{j=1}^{n} w_j x_j + b = w^T x + b$$

回顾一下感知机的表达式：

$$y = \begin{cases} 0 & (w^T x + b \leq 0) \\ 1 & (w^T x + b > 0) \end{cases}$$

并将其形式改写成

$$y = f(z)$$

$$f(x) = \begin{cases} 0 & (x \leq 0) \\ 1 & (x > 0) \end{cases}$$

在引入了函数 $f(x)$ 后，感知机就可以写成神经元的形式，输入信号会被 $f(x)$ 转换，转换后的值就是输出 y。这种将输入信号的总和转换为输出信号的函数称为激活函数（Activation Function）。

$f(x)$ 表示的激活函数以阈值为界，一旦输入超过阈值就切换输出，这样的函数称为阶跃函数。可以说感知机是使用阶跃函数作为激活函数，实际上，当我们将阶跃函数换作其他激活函数时，就开始进入神经网络的世界了。那么为什么需要使用激活函数呢？又有哪些激活函数可供使用呢？

首先讨论第一个问题，之前介绍的感知机无法解决线性不可分的问题，是因为这类线性模型的表达力不够，从输入到加权求和都是线性运算，而激活函数一般是非线性的，为神经网络引入了非线性因素，这样才能逼近更复杂的数据分布。激活函数也限制了输出的范围，控制该神经元是否激活。激活函数对于神经网络有非常重要的意义，它提升非线性表达能力，缓解梯度消失问题，将特征图映射到新的特征空间以加速网络收敛等。不同的激活函数对神经网络的训练与预测都有不同的影响，下面详细介绍神经网络中经常使用的激活函数及它们的特点。

1. sigmoid

sigmoid 函数是一个在生物学中常见的 S 形函数，也称为 S 形生长曲线，在信息学科中也称为 Logistic 函数。sigmoid 函数可以使输出平滑而连续地限制在 0~1，在 0 附近表现为近似线性函数，而远离 0 的区域表现出非线性，输入越小，越接近于 0；输入越大，越接近于 1。

sigmoid 函数的数学表达式为：

$$\sigma(x) = \frac{1}{1+e^{-x}}$$

其函数图像如图 3-5 所示。

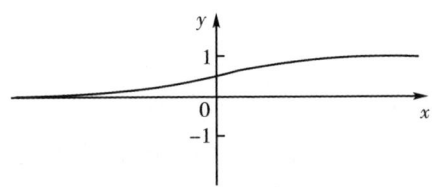

图 3-5　sigmoid 函数

与感知机使用的阶跃激活函数相比，sigmoid 函数是连续可导的，其导数可直接用函数的输出计算，简单高效，但 sigmoid 函数的输出恒大于 0。非零中心化的输出会使得其后一层的神经元的输入发生偏置偏移（Bias Shift），可能导致梯度下降的收敛速度变慢。另一个缺点是 sigmoid 函数导致的梯度消失问题，由上面 sigmoid 函数的导数表达式可知在远离 0 的两端，导数值趋于 0，梯度也趋于 0，此时神经元的权重无法再更新，神经网络的训练变得困难。

2. tanh

tanh 函数继承自 sigmoid 函数，改进了 sigmoid 变化过于平缓的问题，它将输入平滑地限制在 -1~1 的范围内。

tanh 函数的数学表达式为：

$$\tanh(x) = \frac{e^x - e^{-x}}{e^x + e^{-x}}$$

$$\tanh(x) = 2\sigma(2x) - 1$$

其函数图像如图 3-6 所示。

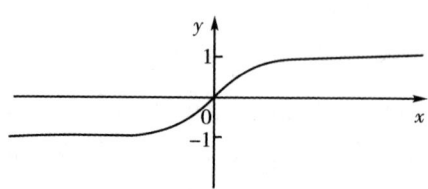

图 3-6 tanh 函数

tanh 函数可以看作 sigmoid 的缩放平移版，见上式。tanh 函数的输出是以零为中心的，解决了 sigmoid 函数的偏置偏移问题。而且 tanh 在线性区的梯度更大，能加快神经网络的收敛，但是在 tanh 函数两端的梯度也趋于零，梯度消失问题依然没有解决。

3. ReLU

修正线性单元(Rectified Linear Unit，ReLU)，也称 rectifier 函数。

ReLU 是目前深层神经网络中广泛使用的激活函数，ReLU 函数首次大显身手是在 2012 年的 ImageNet 分类比赛中，比赛冠军深度神经网络模型 AlexNet 使用的激活函数正是 ReLU。

ReLU 的数学表达式为：

$$ReLU(x) = \begin{cases} x, & x > 0 \\ 0, & x \leq 0 \end{cases} = \max\{x, 0\}$$

ReLU 是分段可导的，并人为规定在 0 处其梯度为 0。ReLU 具有生物上的可解释性，Lennie 等人的研究表明大脑中同一时刻大概只有 1%～4% 的神经元处于激活状态，从信号上看神经元同时只对小部分输入信号进行响应，屏蔽了大部分信号。sigmoid 函数和 tanh 函数会导致形成一个稠密的神经网络，ReLU 则有较好的稀疏性，大约有 50% 的神经元处于激活状态。ReLU 引入的稀疏激活性，让神经网络在训练时会有更好的表现。ReLU 的梯度为 0 或常数，可以有效缓解梯度消失的问题。此外 ReLU 还有个优点，它计算快、开销小，相比 sigmoid 函数与 tanh 的复杂函数运算，ReLU 仅需要简单的阈值运算。

ReLU 的缺点也很明显,同 sigmoid 函数一样,它是非零中心化的,会给后一层的神经网络引入偏置偏移,影响梯度下降的效率。ReLU 还可能出现"死亡",即神经网络在某次不恰当的参数更新后,某个 ReLU 神经元可能在所有的输入上都不能被激活,此时它的梯度固定为 0,没有梯度便无法调整神经元的参数,在之后的训练中此神经元再不会被激活。

针对 ReLU 的"死亡"问题,研究者们对 ReLU 进行了改进,提出了若干 ReLU 的变种。

4. LReLU

带泄露的 ReLU(Leaky ReLU, LReLU)在 ReLU 梯度为 0 的区域保留了一个很小的梯度,以维持参数更新。

LReLU 的数学表示式如下:

$$LReLU(x) = \begin{cases} x, & x>0 \\ \alpha x, & x \leq 0 \end{cases}$$

α 是一个很小的常数,如 0.001,当 $\alpha<1$ 时,LReLU 也可以写作:

$$LReLU(x) = \max\{x, \alpha x\}$$

5. PReLU

何恺明等人在 ReLU 的基础上引入了一个可学习的参数,不同的神经元有不同的参数 α_i,其数学表达式如下:

$$PReLU(x) = \begin{cases} x, & x>0 \\ \alpha_i x, & x \leq 0 \end{cases}$$

不同于 LReLU,PReLU 神经元中的 α_i 不是一个固定的常数,而是每个神经元中可学习的参数,也可以是一组 PReLU 神经元共享的参数。当 $\alpha_i = 0$ 时,PReLU 可以看作 ReLU,当 α_i 是一个很小的数时,PReLU 可以看作 LReLU。

6. ELU

LReLU 和 PReLU 解决了 ReLU "死亡"问题,但 ReLU 非零中心化的问题依然存在,而指数线性单元(Exponential Linear Unit, ELU)解决了这个问题,ELU 输出均值接近于零,是一个近似的零中心化的非线性函数,其数学表达式如下:

$$ELU(x) = \begin{cases} x, & x>0 \\ \alpha(e^x-1), & x \leq 0 \end{cases}$$

式中,α 是一个可调整的参数,控制 ELU 负值部分的饱和。

7. Maxout

Maxout 单元的激活函数是最大值函数 max，不同于之前的激活函数，Maxout 单元接收的不是神经元的净输入 z，而是神经元的接入，每个 Maxout 神经元有 K 个权重向量与偏置，其数学表示式为：

$$y = \max_{k}(z_k) = \max\{w_1^T x + b_1, w_2^T x + b_2, \cdots, w_K^T x + b_K\}$$

ReLU 也可以看作一种特殊的 Maxout。

二、网络结构

单一神经元的功能是有限的，需要很多神经元连接在一起传递信息来协作完成复杂的功能，这就是神经网络。

图 3-7 给出了一个更复杂的前馈神经网络，网络中最左边的一层被称作输入层（Input Layer），其中的神经元被称为输入神经元（Input Neurons）。最右边的一层是输出层（Output Layer），包含的神经元被称为输出神经元（Output Neurons）。本例中，输入层有 5 个神经元，输出层有 2 个神经元。网络中处于输入层与输出层之间的层被称作隐层（Hidden Layer），一个网络中往往有多个隐层。在图 3-7 所示的网络中，输入层为 5 个元素组成的一维向量，隐层有 3 个神经元，从输入层到隐层有 5×3 = 15 条连接线。两个隐层之间有 3×3 = 9 条连接线。输出层是由 2 个元素组成的一维向量，从隐层到输出层有 3×2 = 6 条连接线。每层神经元与下一层多个神经元相连，其中

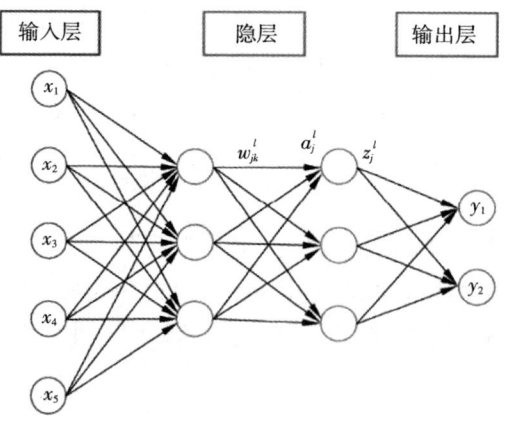

图 3-7　前馈神经网络

的每个连接都有独自的权重参数,控制神经元输入信息的权重,这些关键的参数由网络训练得到。若网络中前一层的所有神经元都与下一层的所有神经元连接,这种结构的网络被称为全连接网络(Fully Connected Network)。

神经网络的输入层、输出层设计是比较直观的,其神经元的个数往往是根据数据本身而设定的。例如,我们要用神经网络解决手写数字识别的问题,判断一张手写数字图片上面是不是"6"。很自然地,我们会将图片像素的灰度值直接作为网络的输入,假设训练样本图片是 32×32 的灰度图像,那么我们需要 32×32=1024 个输入神经元,每个神经元接受归一化后的灰度值。而输出层只需要一个神经元,输入是否为"6"的置信度,当神经元输出值大于设置的阈值时说明输入图片上写着"6"。

相对于神经网络的输入层与输出层含义的直观,隐层的设计就是一件非常具有技巧性的工作。隐层神经元的数目是不定的,神经元的数目越多,神经网络的非线性越显著,越有利于提高神经网络的鲁棒性。神经网络的研究者们已经总结了很多针对隐层的启发式设计规则,这些规则能够用来使网络变得符合预期。例如,一些启发式规则可以用来帮助我们在隐层层数和训练网络所需的时间开销这二者间找到平衡。我们将在后面的章节中逐步介绍这些规则。

为了更准确地描述神经网络,引入一些数学符号:对于一个 L 层的神经网络,第 l 层有 m^l 个神经元,则 l 层神经元与前一层的连接权重矩阵为:

$$W^l = \begin{bmatrix} w_{11}^l & w_{12}^l & \cdots & w_{1m^{l-1}}^l \\ w_{21}^l & w_{22}^l & \cdots & w_{2m^{l-1}}^l \\ \vdots & \vdots & & \vdots \\ w_{m^l1}^l & w_{m^l2}^l & \cdots & w_{m^lm^{l-1}}^l \end{bmatrix}$$

式中,w_{jk}^l 表示第 $l-1$ 层中的第 k 个神经元与第 l 层中的第 j 个神经元的连接。

$l-1$ 层到 l 层的偏置为:

$$b^l = [b_1^l, b_2^l, \cdots, b_{m^l}^l]$$

l 层神经元净输入向量为:

$$z^l = [z_1^l, z_2^l, \cdots, z_{m^l}^l]$$

l 层神经元所用的激活函数为:

$$f^l(\ ) = [f_1^l(\ ), f_2^l(\ ), \cdots, f_{m^l}^l(\ )]$$

l 层神经元激活值向量为：

$$a^l = [a_1^l, a_2^l, \cdots, a_{m^l}^l]$$

前馈神经网络的每一层之间的信息传递方式为：

$$a^l = f^l(W^l \cdot a^{l+1} + b^l)$$

信号流进入前馈神经后，按上式的方式逐层传递，在网络最后输出 a^L，整个网络可以看作一个带参数的复合函数 $F(x; W, b)$：

$$F(x; W, b) = f^L\{W^L \cdot f^{L-1}[\cdots W^2 \cdot f^1(W^1 \cdot x + b^1) + b^2 \cdots] + b^L\}$$

这就是前馈神经网络的前向传播公式。而对于神经网络中第 l 层的输出 a^l，可以看作原始特征向量 x 转换到高维空间的特征向量，这个过程称为特征提取，a^l 也称为第 l 层的特征向量或者特征图（Feature Map）。

三、训练与预测

与支持向量机、逻辑回归等机器学习算法一样，神经网络也分为训练与预测两个阶段。在训练阶段，需要为神经网络准备好训练数据及对应的标签，通过训练得到一个模型。神经网络的训练就是从数据中学习，其实就是通过不断地修改网络中所有的权重 W 和偏置 b，使得神经网络的输出尽可能地逼近真实模型的输出。

而在预测阶段，在新的测试数据上运行训练好的模型，可以得到分类或者回归的结果。在确定了神经网络的结构后，输入层、隐层、输出层节点数、层与层之间的连接及神经元中使用的激活函数是固定不变的，而对于权重 W 和偏置 b，已由训练得到。在预测时只需要将新的输入向量从神经网络的输入层送入，沿着网络逐层计算，直到数据流动到输出层并输出结果（一次前向传播），就完成了一次预测并得到了分类或者回归的结果。

1. 损失函数

在神经网络中，衡量网络预测结果 $\hat{y} = F(x)$ 与真实值 y 之间差别的指标称为损失函数（loss function），损失函数值越小，表示神经网络的预测结果越接近真实值。大多数情况下对权重 W 和偏置 b 做出的微小变动并不会使得神经网络输出我们所期望的结果，这导致我们很难去刻画如何优化权重和偏置。因此，需要代价函数来更好地指导我们如何去改变权重和偏置以达到更好的效果。

神经网络的训练就是调整权重 W 和偏置 b 使得损失函数值尽可能地

小，在训练过程中，将损失函数值逐渐收敛，当其小于设定阈值时训练停止，得到一组使得神经网络拟合真实模型的权重 W 和偏置 b。具体来说，对于一个神经网络 F，其权重 W 和偏置 b 此时是用随机值来初始化的。给定一个样本 (x, y)，将 x 输入到神经网络 F，经过一次前向传播，得到预测结果 $\hat{y} = F(x)$，计算损失 $loss = L(\hat{y}, y)$，要使得神经网络的预测结果尽可能地接近真实值，就要让损失值尽可能小，于是神经网络的训练问题演化为一个优化问题，如下式所示：

$$\min_{W, b} \{ loss[F(x; W, b), y] \}$$

神经网络需要解决的问题主要为分类和回归问题。分类是输出变量为有限个离散变量的预测问题，目的是寻找决策边界，例如，判断手写数字是不是6，判断"是"与"不是"，这是个二分类问题；判断一个动物是猫、是狗还是其他，这是个多分类问题。回归问题是输入变量与输出变量均为连续变量的预测问题，目的是找到最优拟合方法，例如预测明天的股市指数就是一个大家都希望结果能够准确的回归问题。神经网络进行分类和回归任务时会使用不同的损失函数，下面列出一些常用的分类损失函数和回归损失函数。

（1）分类损失函数

Logistic 损失（Logistic loss）：

$$loss(\hat{y}, y) = \prod_{i=1}^{N} \hat{y}_i^{y_i} \cdot (1 - \hat{y}_i)^{1 - y_i}$$

负对数似然损失（Negative Log Likelihood loss）：

$$loss(\hat{y}, y) = -\sum_{i=1}^{N} y_i \cdot \log \hat{y}_i + (1 - y_i) \cdot \log(1 - \hat{y}_i)$$

交叉熵损失（Cross Entropy loss）：

$$loss(\hat{y}, y) = -\sum_{i=1}^{N} \sum_{j=1}^{M} y_{ij} \cdot \log \hat{y}_{ij}$$

Logistic 损失用于解决每个类别的二分类问题，为了方便数据集把最大似然转化为负对数似然，而得到负对数似然损失，交叉熵损失从两个类别扩展到 M 个类别，交叉熵损失在二分类时应当是负对数似然损失。

（2）回归损失函数

均方误差，也称 $L2$ 损失（Mean Squared Error, MSE）：

$$loss(\hat{y}, y) = \frac{1}{N} \sum_{i=1}^{N} (\hat{y}_i - y_i)^2$$

平均绝对值误差,也称 L1 损失(Mean Absolute Error, MAE):

$$loss(\hat{y}, y) = \frac{1}{N} \sum_{i=1}^{N} |\hat{y}_i - Y_i|^2$$

均方对数差损失(Mean Squared Log Error, MSLE):

$$loss(\hat{y}, y) = \frac{1}{N} \sum_{i=1}^{N} (\log \hat{y}_i - \log y_i)^2$$

Huber 损失(Huber loss):

$$Huber(\hat{y}, y) = \begin{cases} \frac{1}{2}(\hat{y}_i - y_i)^2, & |\hat{y}_i - y_i| \leq \delta \\ \delta |\hat{y}_i - y_i| - \frac{1}{2}\delta, & 其他 \end{cases}$$

$$loss(\hat{y}, y) = \frac{1}{N} \sum_{i=1}^{N} Huber(\hat{y}_i - y_i)$$

Log-Cosh 损失函数(Log-Cosh loss):

$$loss(\hat{y}, y) = \frac{1}{N} \log[\cosh(\hat{y}_i - y_i)]$$

L2 损失是使用最广泛的损失,在优化过程中更为稳定和准确,但是对于局外点敏感。L1 损失会比较有效地惩罚局外点,但它的导数不连续使得寻找最优解的过程低效。Huber 损失由 L2 损失与 L1 损失合成,当 δ 趋于 0 时退化成了 L1 损失,当 δ 趋于无穷时则退化为 L2 损失。δ 决定了模型处理局外点的行为,当残差大于 δ 时使用 L1 损失,很小时则使用更为合适的 L2 损失来进行优化。Huber 损失函数克服了 L1 损失和 L2 损失的缺点,不仅可以保持损失函数具有连续的导数,同时可以利用 L2 损失梯度随误差减小的特性来得到更精确的最小值,也对局外点具有更好的鲁棒性。但 Huber 损失函数的良好表现得益于精心训练的超参数 δ。Log-Cosh 损失拥有 Huber 损失的所有优点,并且在每一个点都是二次可导的,这在很多机器学习模型中是十分必要的。

2. 参数学习

参数学习是神经网络的关键,神经网络使用参数学习算法把从数据中学习到的"知识"保存在参数里面。对于训练集中的每一个样本 (x, y) 计算其损失(如均方误差损失),那么在整个训练集上的损失为:

$$\hat{y} = F(x_i; W, b)$$

$$loss(\hat{y}, y) = \frac{1}{N} \sum_{i=1}^{N} L(\hat{y}_L, y_i)$$

式中，$y \in \{0, 1\}^K$，是标签 y 对应的 One-Hot 向量表示。

有了目标函数和训练样本，可以通过梯度下降算法来学习神经网络的参数。使用梯度下降算法求神经网络的参数，需要计算损失函数对参数的偏导数。直接使用链式法对每个参数逐一求偏导效率很低，计算量大，而在20世纪90年代计算机能力还不足以为庞大的神经网络提供足够的算力支持，这也是当时神经网络陷入低潮的原因之一。

四、反向传播算法

反向传播算法在20世纪70年代由Werbos博士提出，但是直到1986年David Rumelhart、Geoffrey Hinton 和 Ronald Williams 发表的论文中才说明反向传播算法比传统方向能更快地计算神经网络中各层参数的梯度，解决了参数逐一求偏导效率低下的问题，使得神经网络能应用到一些原来不能解决的问题上。

反向传播算法如何快速计算神经网络中各层参数的梯度呢？使用反向传播算法求参数的梯度之前，先回顾一下网络的前向传播：

$$z^l = W^l \cdot a^{l-1} + b^l$$
$$a^l = f^l(z^l)$$

对于上式中的权重 W 与偏置 b 的偏导数，由链式法则可得：

$$\frac{\partial loss}{\partial w_{jk}^l} = \frac{\partial loss}{\partial z_j^l} \frac{\partial Z_j^l}{\partial w_{jk}^l}$$

$$\frac{\partial loss}{\partial b_j^l} = \frac{\partial loss}{\partial z_i^l} \frac{\partial z_j^l}{\partial b_j^l}$$

可见损失对权重 w_{jk}^l 与偏置 b 的偏导数都含有公共项 $\frac{\partial loss}{\partial z_j^l}$，定义损失关于神经元净输入的偏导数为误差项：

$$\delta_j^l = \frac{\partial loss}{\partial z_j^l}$$

在反向传播过程中，只要求出 δ_j^l，再分别与 $\frac{\partial z_j^l}{\partial w_{jk}^l}$，$\frac{\partial z_j^l}{\partial b_j^l}$ 相乘，就可以得到损失对权重 w_{jk}^l 与偏置 z_j^l 的偏导数。其中，

$$\frac{\partial z_j^l}{\partial w_{jk}^l} = \frac{\partial \left(\sum_k w_{jk}^l a_k^{l-1} + b_j^l \right)}{\partial w_{jk}^l} = a_k^{l-1}$$

$$\frac{\partial z_j^l}{\partial b_j^l} = \frac{\partial \left(\sum_k w_{jk}^l a_k^{l-1} + b_j^l \right)}{\partial b_j^l} = 1$$

$$\delta_j^l = \frac{\partial loss}{\partial z_j^l} = \sum_k \frac{\partial loss}{\partial z_k^{l+1}} \cdot \frac{\partial z_k^{l+1}}{\partial z_j^l} = \sum_k \delta_k^{l+1} \cdot \frac{\partial z_k^{l+1}}{\partial z_j^l}$$

而 $z_k^{l+1} = \sum_j w_{kj}^{l+1} f(z_j^l) + b_k^{l+1}$，两边同时微分可得：

$$\frac{z_k^{l+1}}{\partial a_j^l} = w_{kj}^{l+1} f'(z_j^l)$$

将上式代入 δ_j^l 可得：

$$\delta_j^l = \sum_k \delta_k^{l+1} \cdot \frac{\partial z_k^{l+1}}{\partial z_j^l} w_{kj}^{l+1} f'(z_j^l)$$

可见第 l 层的误差项 δ^l 需要通过第 $l+1$ 层的误差 δ^{l+1}，这与神经网络预测时信息的传播方向（前向传播）正好相反，所以称为反向传播。δ^l 的计算需要从神经网络的最后一层开始，逐层回推到第一层，而在输出层，δ_j^l 的计算方法有所不同，其梯度来自最后的损失函数，如下式所示：

$$\delta_j^L = \frac{\partial loss}{\partial z_j^L} = \frac{\partial loss}{\partial a_j^L} \cdot \frac{\partial a_j^L}{\partial z_j^L} = \frac{\partial loss(\hat{y}_i, y)}{\partial a_j^L} \cdot f'(z_j^L)$$

根据以上公式，得到从 L 层开始，使用反向传播算法沿着网络相反方向计算各层权重 w_{jk}^l 与偏置 b_j^l 梯度的四个关键方程：

$$\delta_j^L = \frac{\partial loss(\hat{y}_i, y)}{\partial a_j^L} \cdot f'(z_j^L)$$

$$\delta_j^l = \sum_k \delta_k^{l+1} \cdot \frac{\partial z_k^{l+1}}{\partial z_j^l} w_{kj}^{l+1} f'(z_j^l)$$

$$\frac{\partial loss}{\partial w_{jk}^l} = a_k^{l-1} \delta_j^l$$

$$\frac{\partial loss}{\partial b_j^l} = \delta_j^l$$

用向量的形式重写上式，可得：

$$\delta^L = \nabla_a L \odot f'(z^L)$$

$$\delta^l = [(W^{l+1})^T \delta^{l+1}] \odot f'(z^l)$$

$$\frac{\partial L}{\partial W^l} = \delta^l (a^{l-1})^T$$

$$\frac{\partial L}{\partial b^l} = \delta^l$$

式中，⊙表示点乘运算，表示两个向量中相同位置的元素相乘。

根据反向传播的公式，给出反向传播的具体步骤：

①前向传播：输入 x，计算每一层的净输入 $z^l = W^l \cdot a^{l-1} + b^l$ 与激活值 $a^l = f(z^l)$。

②计算误差项：计算 L 层误差项 $\delta^L = \nabla_a L \odot f'(z^L)$，反向传播计算每一层的误差项 $\delta^l = [(W^{l+1})^T \delta^{l+1}] \odot f'(z^l)$。

③计算每一层权重的偏导 $\frac{\partial L}{\partial W^l} = \delta^l (a^{l-1})^T$ 和偏置的偏导 $\frac{\partial L}{\partial b^l} = \delta^l$，并更新参数。

反向传播算法是梯度下降算法中的重要一环，负责在梯度下降的每次迭代中计算参数的梯度，提高神经网络的训练效率。为什么说反向传播算法的效率很高呢？首先，分析传统的梯度计算方法，以权重为例，对于任一权重 w_{jk}^l，神经网络可以看作权重 w_{jk}^l 的函数 $\varphi(w_{jk}^l)$，对于权重 w_{jk}^l 的偏导数就可使用近似方法求得：

$$\frac{\partial \varphi}{\partial w_{jk}^l} = \frac{\varphi(w_{jk}^l + \varepsilon) - \varphi(w_{jk}^l)}{\varepsilon}$$

式中，ε 是一个小正实数。

这个式子看起来简单，但是每求一个 w_{jk}^l 的偏导数，就需要计算一次 $\varphi(w_{jk}^l + \varepsilon)$，也就是运行前向传播一次，如果神经网络中有数百万个参数，就要进行数百万次前向传播，这样的计算开销太大了。而反向传播算法基于链式法则，合并了许多重复运算，反向传播算法只需要进行一次前向传播与一次反向传播，就可以计算所有参数的梯度，虽然看起来比上式复杂很多，但是极大地提升了梯度计算的速度。

◆◇ 第四节 提升神经网络训练的技巧

训练一个效果好的神经网络并不是一件容易的事情，在本节中将介绍提升神经网络训练的一些重要技巧，包括使用不同的最佳化方法为神经网络寻找效果最好的参数,对数据进行预处理以提升神经网络训练的效果,通过更恰当的初始化方式对权重进行赋值以避免梯度消失的问题加速训练收敛,最后介绍权值衰减、Dropout 等正则化方式防止过拟合。

一、参数更新方法

之前介绍了使用梯度下降法来更新参数(权重与偏置),每次参数的更新都使用了整个训练集的样本,这样的方式称为批量梯度下降(Batch Gradient Descent,BGD)。批量梯度下降中的所有样本都参与到梯度的计算中,这样得到的梯度是一个标准梯度,易于得到全局最优解,总体迭代次数少。但是当训练集中样本数目很多时,计算时间变长,收敛变慢,更无法应用于在线学习系统。

1. SGD

神经网络训练中,特别是后面的深度学习系统中更常使用的是随机梯度下降(Stochastic Gradient Descent,SGD),每次从训练集中随机采样一个样本计算 loss 和梯度,然后更新参数,如下式所示:

$$\theta \leftarrow \theta - \eta \cdot \nabla F(x^i, y^i; \theta)$$

一个更普遍的形式是每次从训练集中随机采样 m 个样本组成一个小批量(Mini Batch)来计算 loss 和梯度,如下式所示:

$$\theta \leftarrow \theta - \eta \cdot \nabla F(x^{i:i+m}, y^{i:j+m}; \theta)$$

用小批量的样本的梯度近似全体样本的梯度,这样的梯度并不能保证 loss 最快下降,如图 3-8 所示。因此,SGD 需要更多的迭代次数来趋近最优解,在这个过程中学习率 η 对算法的收敛有很大的影响,学习率 η 需要合理取值并随着训练的进行而动态调整。

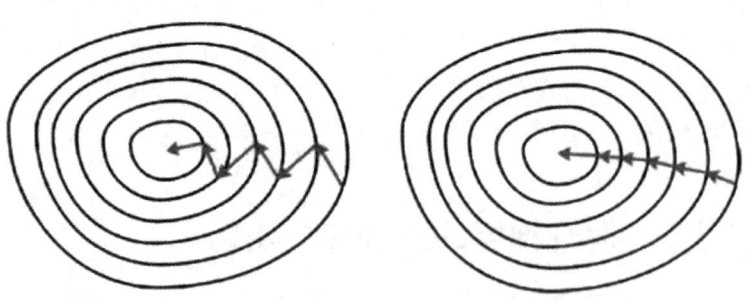

图 3-8 SGD(左)与 BGD(右)的梯度示意图

在 SGD 的一次迭代中只采样 m 个样本,可在内存中计算,也可动态进行数据增强,在训练集中常有上百万样本的深度学习系统中应用更为广泛。SGD 同样也适用于在线学习系统。

但是,SGD 有两个问题:首先,对于非凸函数,SGD 容易陷于局部极小值处或者鞍点处。鞍点处的梯度为零,而且通常被相同误差值的平面包围,mini-batch 的随机采样会导致梯度有不同,使得 SGD 在鞍点处振荡。而且在高维的情形鞍点附近的平坦区域范围可能非常大,这导致 SGD 算法很难脱离区域。其次,SGD 对所有参数更新时使用相同的学习率 η,在某些情况下,会希望对出现频率不同的特征进行不同程度的更新。

2. Momentum

为了克服 SGD 的第一个问题,引入动量(Momentum)。动量是一个来自物理力学中的概念,在梯度上加入的这一项,可以使得梯度在方向不变的维度上速度变快,方向有所改变的维度上的更新速度变慢,这样就可以加快收敛并减小振荡。

Momentum 在 SGD 的基础上,保留了上一步的梯度,见下式:

$$v_t = \mu v_{t-1} + \eta \nabla_\theta F(\theta)$$

$$\theta \leftarrow \theta - v_t$$

式中,μ 是动量因子,一般的经验性值为 0.9。

3. NAG

相比于 Momentum 只考虑了历史梯度信息,Nesterov 加速梯度(Nesterov Accelerated Gradient,NAG)在 Momentum 的基础上引入了下一个位置的梯度。NAG 用 $\theta - \mu v_{t-1}$ 来近似参数 θ 在下一次迭代中可能的取值,在计算梯度时,不是在当前的参数 θ 而是在"未来"的参数 $\theta - \mu v_{t-1}$,见下式:

$$v_t = \mu v_{t-1} + \eta \nabla_\theta F(\theta - \mu v_{t-1})$$

$$\theta \leftarrow \theta - v_t$$

Momentum 和 NAG 在更新梯度时顺应 loss 的梯度来调整速度,对 SGD 进行加速。

4. Adagrad

Adagrad 是一种自适应的算法,可以根据参数更新的频率来调整它们更新的幅度,对低频的参数作较大的更新,对高频的作较小的更新。这种方法适用于一些数据分布不均匀的任务,可以更好地平衡参数更新的量,提升模型的能力。

Adagrad 在 SGD 的基础上引入了一个梯度的累积项 $G_{t,j} = \sum_{i=1}^{t} g_{t,i}^2$，其中 $g_{t,j}$ 表示 t 时刻参数 θ_i 的梯度，G_t 是一个对角矩阵，其梯度更新公式见下式：

$$\theta_{t+i} \leftarrow \theta_t - \frac{\eta}{\sqrt{G_t + \varepsilon}} \odot g_t$$

式中，ε 是小正实数，η 常取 0.01，$\odot$ 表示向量的元素级（element-wise）乘法。

对于式中可以经常更新的参数 θ_i，其 $G_{i,j}$ 会累积较快，以抵制学习率 η；对于不常更新 θ_i 的参数，其 $G_{i,j}$ 的值较小，可以得到一个较大的学习率。但是 Adagrad 的问题在于分母会不断积累，导致学习率快速下降，最后变得很小，导致参数更新小而难以趋于最优解。

5. Adadelta

Adadelta 是对 Adagrad 的改进，将 G_t 设为历史梯度在某个时间窗口内的平方均值，见下式，以缓解快速下降：

$$E[g^2]_t = \gamma E[g^2]_{t-1} + (1-\gamma) g_t^2$$

对上式两边开平方，可以用均方根（Root Mean Squared, RMS）重写上式得：

$$E[g^2]_t = \sqrt{\gamma E[g^2]_{t-1} + (1-\gamma) g_t^2 + \varepsilon}$$

Adadelta 的提出者发现这样的更新方式，其增量"单位"不一致，所以对梯度的变化量 $\Delta\theta$ 也构造了均方根作为分子 $RMS[\Delta\theta]_t = \sqrt{E[\Delta\theta^2]_t + \varepsilon}$，使得增量"单位"一致，其梯度更新可以写作：

$$\theta_{t+1} = \theta_t + \Delta\theta$$

6. RMSProp

RMSProp（Root Mean Square Propagation）是一种自适应学习率的优化算法，用滑动平均的方法解决 Adagrad 中学习率急剧下降的问题。RMSProp 希望梯度的积累项 G 按一定的比率衰减，因此使用一个滑动窗口限制 G，此时 G 不再表示梯度的积累项而是滑动窗口求得的平均值，如下式所示：

$$G_t = \gamma G_{t-1} + (1-\gamma) g_t^2$$

$$\theta_{t+1} = \theta_t - \frac{\eta}{\sqrt{G_t + \varepsilon}} \odot g_t$$

RMSProp 的提出者 Hinton 建议设定平衡因子 γ 为 0.9，学习率 η 为

0.001。

7. Adam

自适应矩估计（Adaptive Moment Estimation，Adam）结合了基于动量的优化方法与基于自适应学习率的优化方法，它保存了过去梯度的指数衰减平均值（梯度的一阶矩），将其作为动量与过去梯度的平方的指数衰减平均值（梯度的二阶矩）来构造学习率自适应因子。

$$m_t = \gamma_1 m_{t-1} + (1-\gamma_1) g_t$$

$$v_t = \gamma_2 v_{t-1} + (1-\gamma_2) g_t^2$$

并对梯度的一阶矩和二阶矩作了偏差校正：

$$\hat{m} = \frac{m_t}{1-\gamma_1^t}$$

$$\hat{v} = \frac{v_t}{1-\gamma_2^t}$$

其梯度更新表示式为：

$$\theta_{t+1} = \theta_t - \frac{\eta}{\sqrt{G_t}+\varepsilon} \odot \hat{m}$$

超参数的建议值为 $\gamma_1 = 0.9$，$\gamma_2 = 0.999$，$\varepsilon = 1 \times 10^{-8}$。

8. AdaMax

AdaMax 是对 Adam 的改进，使用梯度的无穷矩来构造学习率自适应因子，动量依然为梯度的一阶矩。

$$m_t = \gamma_1 m_{t-1} + (1-\gamma_1) g_t$$

$$v_t = \gamma_2^\infty v_{t-1} + (1-\gamma_2^\infty) |g_t|^\infty = \max(\gamma_2 \cdot v_{t-1}, |g_t|)$$

此时无穷矩不是有偏的，无须校正，其梯度更新表示式为：

$$\theta_{t+1} = \theta_t - \frac{\eta}{v_t + \varepsilon} \odot \hat{m}$$

超参数的建议值为 $\eta = 0.002$，$\gamma_1 = 0.9$，$\gamma_2 = 0.999$。

9. Nadam

Nadam 在 Adam 的基础上结合了 NAG，与 AdaMax 不同，Nadam 修改了梯度的一阶矩，梯度的二阶矩不变。其梯度更新表示式为：

$$\theta_{t+1} = \theta_t - \frac{\eta}{\sqrt{v_t}+\varepsilon} \left[\gamma_1 \hat{m} + \frac{(1-\gamma_1) g_t}{1-\gamma_1^t} \right]$$

二、数据预处理

在传统的机器学习算法中数据预处理是非常重要的一环,在神经网络与深度学习中也是如此。就目前情况看来,一般对数据进行归一化(Normalization),这会对深度学习算法的效率有很大提高,下面介绍三种常用的数据预处理方法,如表3-5所示。

表3-5 三种常用的数据预处理方法

0均值	$x-E(x)$	所有样本减去总体数据的平均值,适用于各维度分布相同的数据
缩放	$\dfrac{x}{a} \in [0, 1]^R$ 或 $\dfrac{x}{a} \in [-1, 1]^R$	将不同维度差异较大的数据缩放到统一的尺度以利于模型处理
归一化	$\dfrac{x-E(x)}{\sigma(x)}$	各维度的均值后除以各维度的标准差

三、参数初始化

神经网络与深度学习的优化是非凸的,权重的初始值会导致不同的结果和收敛速度,下面介绍几种常见的权重初始化方式。

1. 全零初始化

全零初始化即将所有变化初值设为0,在神经网络中常用于对偏置值b的初始化。而对于权重W,全零初始化,或者说将权重W设置为完全相等的值是不可行的。为什么不能将权重W设置为相等的值呢?这是因为在反向传播时,所有神经元的输出是相同的,所有权重值也都会有同样的更新,使得神经网络拥有不同权重的意义消失,这样神经网络无法从数据中学习到有用的信息,最终会得到一个无用的模型。

2. 随机初始化

随机值初始化即在0附近取随机值初始化权重W,随机值初始化打破这种神经元之间的对称性,使得神经网络可学习。但是0附近通过正态采样或者均匀采样得到的权重W大小很难与神经元的数量关系平衡,使得网络训练收敛慢甚至失败。

以一个有五个隐层的神经网络为例,网络中每层中有100个神经元,激活函数为 sigmoid，输出层使用交叉熵。从正态分布 $N(0, 0.01)$ 中采样作为权重的初始值，统计其每一层的净输入、权重、激活值和梯度的分布。

净输入值和激活值均处于一个狭窄的区间，并且梯度在网络的前几层中基本为零，这样前几层权重的更新将非常缓慢，在合理的时间内，它无法学习任何东西，这种极端的情况就是梯度消失。由误差回传的等式 $\delta^l = ((W^{l+1})^T \delta^{l+1}) \odot f'(z^l)$，可知本例梯度消失主要是因为权重过小。放大权重使得每层的梯度处于相似的区间，不过此时净输入值范围过宽，使得激活值基本处于二值状态，神经网络的能力退化。

四、正则化

正则化用于解决有些模型因强大的表征力而产生测试数据过拟合等现象，通过避免训练完美拟合数据样本的模型来加强算法的泛化能力。

正则化可以避免算法过拟合，过拟合通常发生在算法学习的输入数据无法反映真实的分布且存在一些噪声的情况下，如图 3-9 所示。

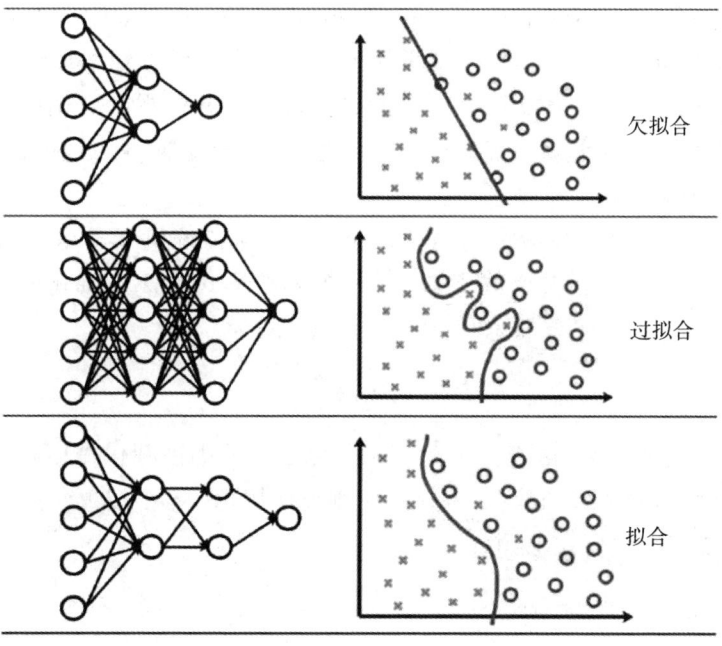

图 3-9　欠拟合、过拟合、拟合

特别是对于深层的网络架构，正则化是训练参数数量大于训练数据集的深度学习模型的关键步骤，神经元之间的大量连接需要大量的参数表征，正则化技术可以使参数数量多于输入数据量的网络避免过拟合。

除了泛化原因，奥卡姆剃刀原理和贝叶斯估计也支持正则化。根据奥卡姆剃刀原理，在所有可能选择的模型中，能很好拟合已知数据，并且尽量简单的模型才是好的模型。而贝叶斯学派的观点认为正则化项对应模型的先验概率。

正则化技术是保证算法泛化能力的有效工具，因此算法正则化的研究成为机器学习中重要的研究主题之一。为了防止过拟合，增加训练样本数量是一个好的解决方案。此外，还可使用数据增强、权重衰减（L2/L1 正则化）、Dropout 和提前停止（Early stopping）等。

1. 数据增强

数据增强是提升算法性能、满足深度学习模型对大量数据需求的重要工具。过拟合可以认为是模型对数据集中噪声和细节的过度捕捉，那么防止过拟合最简单有效的方法就是增加训练数据量。在深度学习应用中训练集数据往往不够，而标记新数据的成本通常较高。因此，数据增强通过向训练数据添加转换或扰动来人工增加训练数据集。考虑到增加噪声的多样性，可以添加多种噪声以获取更多的数据。在计算机视频应用中，数据增强常用的手段有水平或垂直翻转图像、裁剪、色彩变换、缩放和旋转等。

2. 权重衰减

L2 和 L1 正则化是最常用的正则化方法，从传统机器学习方法沿袭到深度学习方法，L2 指二范数，常写为平方和的形式，L2 正则化中，添加正则化项以减少参数平方的总和，L2 正则化公式为：

$$L = loss(y, \hat{y}) + \frac{\lambda}{2n} \sum w^2$$

式中，n 为训练样本的总数，λ 为正则化系数，越小正则化作用越小，模型主要优化原本的损失函数；λ 越大，正则化作用越明显，权重 w 趋于 0。

对 L2 正则化公式求导后可得：

$$\frac{\partial L}{\partial w} = \frac{\partial loss(y, \hat{y})}{\partial w} + \frac{\lambda}{n} w$$

代入梯度下降法可以得到权重 w 的更新公式：

$$w \leftarrow \left(1 - \eta \frac{\lambda}{n}\right) w - \eta \frac{\partial L}{\partial w}$$

对比没有 L2 正则化的更新公式，权重 w 的系数由 1 变为 $1-\eta\lambda/n$，权重 w 减小。不难看出，L2 正则化的作用就是惩罚权重 w，使之减小，更小权重的神经网络复杂度低，模型相对更简单，过拟合的可能性更小。这种方式也称为权重衰减（Weight decay）。L1 是一范数，常写为绝对值和的形式。L1 正则化时向目标函数添加正则化项，以减少参数的绝对值总和，L1 正则化公式为：

$$L = loss(y, \hat{y}) + \frac{\lambda}{n} \sum |w|$$

式中，n 为训练样本的总数，λ 为正则化系数，越小正则化作用越小，模型主要优化原本的损失函数；λ 越大，正则化作用越明显，权重 w 趋于 0。

对 L1 正则化公式求导后可得：

$$\frac{\partial L}{\partial w} = \frac{\partial loss(y, \hat{y})}{\partial w} + \frac{\lambda}{n} sign(w)$$

式中，$sign(w)$ 表示权重 w 的符号函数，权重 w 为正时取 1，权重 w 为负时取 -1，权重 w 为 0 时取 0，代入梯度下降算法可以得到权重 w 的更新公式：

$$w \leftarrow \left[1 - \eta \frac{\lambda}{n} sign(w)\right] w - \eta \frac{\partial L}{\partial w}$$

L1 正则化在权重 w 大于 0 时减小权重 w，在权重 w 小于 0 时增大权重 w，使权重 w 趋于 0，以降低模型复杂度，防止过拟合。L1 正则化中的很多参数向量是稀疏向量，因为很多模型导致参数趋近于 0，因此 L1 正则化会产生稀疏解，有一定的特征选择能力，常用于高维空间。而机器学习中最常用的正则化方法是对权重 w 使用 L2 正则化。

3. Dropout

Dropout 指暂时丢弃一部分神经元及其连接，是深度学习中较常使用的一种正则化方法。L2、L1 正则化通过修改损失函数实现，而 Dropout 通过修改网络结构实现。Dropout 在每一轮训练过程中以一定的概率 p 丢弃神经元。神经元不被丢弃的概率为 1-p，其参数不更新，减少神经元之间的共适应，因为在训练时神经元被随机地移除，减少了神经元对另一特定神经元的依赖，阻止特征相互依赖，防止过拟合。通常隐藏层以 0.5 的概率丢弃神经元，在预测时结果也需要降为一半。Dropout 可以看作多种不同网络结构的集成，每做一次丢弃，相当于从原始的网络中采样一个子网络，如果神经网络中有 n 个神经元，则可以采样出 2n 个子网络，每次迭代中训练了一个不同的子网络。Dropout 显著降低了过拟合，同时通过避免在训练数据上的训练节点提高了算法的学习速度。

Drop Connect 是另一种减少算法过拟合的正则化策略，是 Dropout 的一般化。Drop Connect 随机移除网络中的一些边而不是整个节点，对网络的所有权重进行随机采样，得到一个权重的子集，并在此次训练时将此集合中的权重全部设置为零，取代了在 Dropout 中对每个层随机采样激活函数的子集并设置为零的做法。Drop Connect 和 Dropout 都在模型中引入了稀疏性，Drop Connect 引入的是权重的稀疏性，Dropout 引入的是层输出向量的稀疏性。

4. 提前停止

提前停止（early stop）可以限制模型最小化代价函数所需的训练迭代次数，是机器学习中通用的简单正则化方法，也称为早停法。在模型训练过程中，如果迭代次数太少，算法容易欠拟合，而迭代次数太多，算法容易过拟合。提前停止通常用于防止训练中过拟合的模型泛化性能差。模型的复杂度逐渐提高，在训练集上的预测错误逐渐减少，但它在测试集上的精确度不再提高，甚至会下降。因此需要关注模型的效果，在验证集上的测试误差不再减少甚至增加时停止训练。在深度学习中为了避免只看一轮迭代带来的误差可以多跟踪几轮迭代的结果，若连续几轮的结果都较之前结果差则可以停止训练。

◆◇ 第五节　车脸识别深度学习算法

一、图像分类深度学习算法

图像分类任务是计算机视觉的核心，实际应用广泛，卷积神经网络（Convolutional Neural Network，CNN）的能力强大，其结构特别适用于完成计算机视觉任务。分类是其任务之一，另外两个核心任务是目标检测和语义分割。卷积神经网络是一种具有局部连接、权重共享等特性的前馈神经网络。该网络仿造了生物的感受野，即神经元只接受其所受支配的刺激区域内的信号。卷积神经网络的人工神经元响应一部分覆盖范围内的周围单元，其隐含层的卷积核参数共享和层间连接的稀疏性使得卷积神经网络能够以较小的计算量对格点化特征，在图像处理与语音识别等方面有大量的应用。

1980 年，日本学者福岛邦彦（Kunihiko Fukushima）借鉴猫视觉系统实验结论，提出具有层级结构的神经网络——新认知机（Neocognitron），这是一个具有深度结构的神经网络，也是最早被提出的深度学习算法之一。Wei Zhang 于 1988 年提出了一个基于二维卷积的"平移不变人工神经网络"用于检测医学影像。1989 年，Yann LeCun 等对权重进行随机初始化后使用了随机梯度下降进行训练，并首次使用了"卷积"一词，"卷积神经网络"因此得名。1998 年，Yann LeCun 等人在之前卷积神经网络的基础上构建了更加完备的卷积神经网络 LeNet-5，并在手写数字的识别问题上取得了很好的效果。LeNet-5 的结构也成为现代卷积神经网络的基础，这种卷积层、池化层堆叠的结构可以保持输入图像的平移不变性，自动提取图像特征。2006 年逐层训练参数与预训练的方法使得卷积神经网络可以设计得更复杂，训练效果更好。卷积神经网络快速发展，在各大研究领域攻城略地，特别是在计算机视觉方面，卷积神经网络在图像分类、目标检测和语义分割等任务上不断突破。

卷积神经网络主要由卷积层（Convolutional Layer）、池化层（Pooling Layer）和全连接层（Full Connected Layer）构成，在卷积层和全连接层后通常会接激活函数。卷积神经网络增加了卷积层和池化层，这种组合方式决定了卷积神经网络的三个重要特性：权重共享、局部感知和子采样。在卷积神经网络中，输入/输出数据称为特征图（feature map）。图 3-10 为区分猫狗的卷积神经网络。

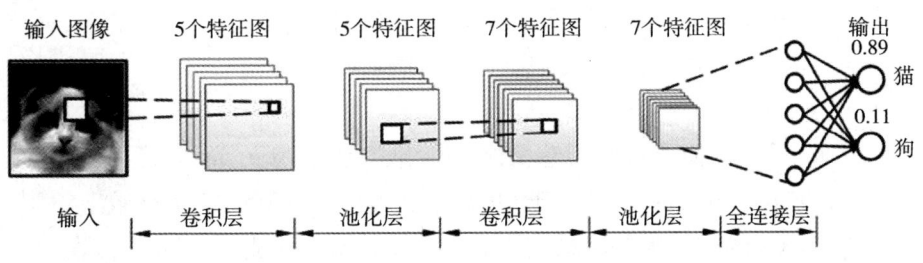

图 3-10 猫狗识别卷积神经网络

一维卷积运算如下式所示：

$$y_i = \sum_{k=1}^{n} w_k x_{i+k-1}$$

式中，x_i 是输入信号，w_k 为卷积核。

也写作：

$$Y = W \otimes X$$

其中 $\otimes$ 表示卷积运算。

对于输入信号 $X \in R^{H \times W}$ 与卷积核 $W \in R^{h \times w}$ 的二维卷积操作 $Y = W \otimes X$，表达式为：

$$y_{i,j} = \sum_{u=1}^{h} \sum_{v=1}^{w} w_{u,v} x_{i+u-1, j+v-1}$$

矩阵运算通过在输入特征图上滑动窗口，逐步长地进行窗口内所有元素的乘加运算，这样的计算方式需要消耗大量的资源和时间在数据寻址和内存数据读写上。因此，在卷积层的实现中会将特征图与卷积核展开，形成两个二维矩阵，并以矩阵相乘的方式进行。这样就能够用卷积乘法的优化方法加速运算，目前流行的深度学习框架都将卷积操作转换成矩阵运算，并通过 GPU 加速。im2col 运算就是将特征图与卷积核展开的算法。

输入特征图的形状为 (C, H, W)，展开得到矩阵 $M_{(C \times K \times K), (OH \times OW)}$，卷积核的形状为 (KN, C, K, K)，展开得到矩阵 $F_{(C \times K \times K), KN}$，卷积操作可以转化为矩阵 $F_{(C \times K \times K), KN}$ 的转置矩阵 $M_{(C \times K \times K), (OH \times OW)}$ 的一般矩阵乘法：

$$(F_{(C \times K \times K), KN})^T \times M_{(C \times K \times K), (OH \times OW)} = O_{KN, (OH \times OW)}$$

式中，输入特征图和卷积核可以用三维数组表示，C 为通道，H、W 分别为特征图的高和宽，K 为卷积核大小，$OH = H - K + 1$，$OW = W - K + 1$。

矩阵 $O_{KN, (OH \times OW)}$ 中每一行为一张特征图，对每一行进行 reshape 操作恢复为二维特征图，最终得到卷积层的输出特征图 $O_{KN, (OH \times OW)}$。

典型的卷积神经网络主要包括以下 6 种：

（1）LeNet

LeNet 是一个简单有效的卷积神经网络，奠定了现在卷积神经网络的基本结构。该网络由 LeCun 等人于 1998 年发表，用于 MNIST 手写数字识别。MNIST 中图像的大小为 28×28，图像归一化后填充 0 成为 32×32 像素的图像，这是为了笔画末端或者拐点等具有一定固定模型的潜在特征能存在于 C1 层卷积感受野的中间。LeNet-5 网络如图 3-11 所示。

LeNet-5 分为卷积层和全连接层两个部分，共计 8 层。卷积层后接最大池化层：卷积层用来识别图像的空间模式，如线条和物体局部，之后的最大池化层则用来降低卷积层对位置的敏感性。卷积层由两个这样的基本单位

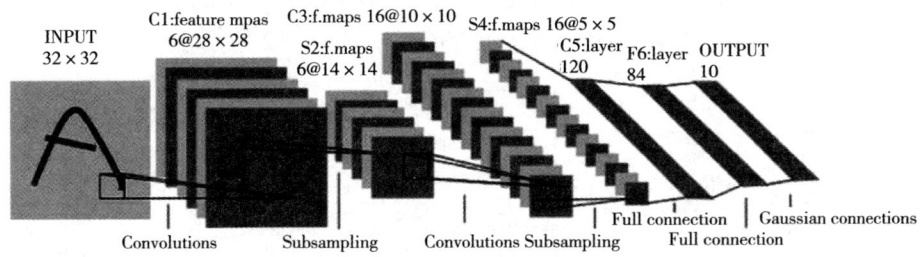

图 3-11 LeNet-5 网络结构图

重复堆叠构成。在卷积层中,每个卷积层都使用 5×5 的窗口,并在输出上使用 sigmoid 激活函数。卷积层的两个最大池化层的窗口形状均为 2×2,且步幅为 2。卷积层块的输出形状为(通道、高、宽)。当卷积层的输出传入全连接层时,全连接层会将小批量中的每个样本拉直(flatten)。也就是说,全连接层的输入形状将变成二维,其中第一维是小批量中的样本,第二维是每个样本变平后的向量表示,且向量长度为通道、高和宽的乘积。全连接层含 3 个全连接层。它们的输出个数分别是 120、84 和 10,其中 10 为输出的类别个数。LeNet-5 网络结构及参数配置如表 3-6 所示。

表 3-6 LeNet-5 网络结构及参数配置

Layer(类型)	输出形状	参数
conv2d_1(Conv2D)	(None, 6, 24, 24)	156
maxpooling2d_1(MaxPooling2D)	(None, 6, 12, 12)	0
conv2d_2(Conv2D)	(None, 16, 8, 8)	2416
maxpooling2d_2(MaxPooling2D)	(None, 16, 4, 4)	0
flatten_1(Flatten)	(None, 256)	0
dense_1(Dense)	(None, 120)	30840
dense_2(Dense)	(None, 84)	10164
dense_3(Dense)	(None, 10)	850

总参数量为 44426。

(2)AlexNet

AlexNet 是 2012 年 ImageNet 图像分类大赛的冠军,以网络提出者的名字命名。AlexNet 的输入是 ImageNet 中归一化的 RGB 图像样本,每张图像的尺寸被裁剪到 224×224,AlexNet 中包含 5 个卷积层和 3 个全连接层,输出为 1000 类的 softmax 层。受当时 GPU 能力所限，整个网络模型被分割在两块 Nvidia GTX580 GPU 上运行。网络结构如图 3-12 所示。

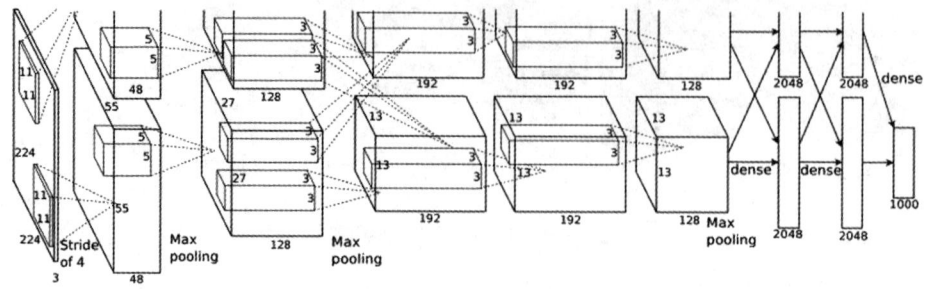

图 3-12　AlexNet 网络结构图

AlexNet 在深度学习中具有里程碑的作用，将卷积神经网络的基本原理应用到了很深很宽的网络模型中，其主要贡献如下：ReLU 激活函数，极大地缓解了 sigmoid 函数与 tanh 函数在输入较大或较小时进入饱和区后梯度消失的问题，性能远超后二者，同时数倍提升了网络的训练速度；重叠池化，池化是对同一特征图中相邻神经元输出的一种概况，CNN 中普遍使用平均池化。而 AlexNet 使用了重叠的最大池化，摒弃了卷积神经网络的平均池化，避免了模糊化效果。此外 AlexNet 中使用的是重叠的最大池化，步长 s 小于池化核的尺寸 k，这使得池化的输出之间会有重叠和覆盖，可以提升特征的丰富性，训练时对拟合也有所帮助。当重叠池化 $s=2$，$s=3$ 时，AlexNet 的 Top-1 和 Top-5 的错误率相比 $s=2$，$k=2$ 时的错误率分别下降了 0.4% 和 0.3%；Dropout，AlexNet 将 Dropout 运用到最后的几个全连接层中，在训练网络时 Dropout 随机忽略一部分神经元，使得这部分神经元在网络的前向传播与反向传播中都不可见，最后训练的结果相当于多个 AlexNet 的集合，使用这一技术有效地减少了模型的过拟合；局部响应归一化（Local Response Normalization，LRN），通过 LRN 对局部神经元的活动创建竞争机制，增强了模型的泛化能力；数据增强，AlexNet 对图像数据进行的裁剪、旋转、镜像、缩放等操作使得样本数据有了极大的增加，从而有效地降低了错误率。AlexNet 网络结构及参数配置如表 3-7 所示。

表 3-7 AlexNet 网络结构及参数配置

Layer(type)	Output Shape	Parameter
Input	227×227×3	156
Conv1	55×55×96	(11×11×3+1)×96=34944
Maxpool1	27×27×96	0
Norm1		
Conv2	27×27×256	(5×5×48+1)×128×2
Maxpool2	13×13×256	0
Norm2		
Conv3	13×13×384	(3×3×256+1)×384
Conv4	13×13×384	(3×3×192+1)×192×2
Conv5	13×13×256	(3×3×192+1)×128×2
Maxpool3	6×6×256	0
Fc6+Dropout	4096	(6×6×128×2+1)×4096
Fc7+Dropout	4096	(4096+1)×4096
Fc8+Dropout	1000	(4096+1)×1000

节点总数为 809800，参数量总数为 60965224。

（3）VGGNet

VGGNet 由牛津大学视觉几何组和 Google DeepMind 公司提出，并在 ILSVRC-2014 中获得定位任务第一名和分类任务第二名。提出 VGGNet 的主要目的是探究在大规模图像识别任务中，卷积网络深度对模型精确度的影响。VGGNet 的研究人员证明了基于尺寸较小的卷积核，在增加网络深度的情况下可以有效地提升模型的效果。此网络结构简单，模型的泛化能力好，因而被广泛使用，到现在依然经常被用来进行图像特征提取。

VGGNet 引入了"模块化"的设计思想，将不同层进行简单组合，构成网络模块，通过组装模块实现完整的网络结构，不再是以"层"为单元组装网络。VGGNet 继承了 AlexNet 的一些特点，输入是 ImageNet 中归一化后的 RGB 图像样本，每张图像的尺寸被裁切到了 224×224，使用 ReLU 作为激活函数，在全连接层使用 Dropout 防止过拟合。共有 5 种网络配置，均采用 3×3 的卷积(步长 1，填充 1)和 2×2 的 max pooling，特征图每经过一次池化，其高度和宽度减少一半，作为弥补，其通道数增加一倍，最后通过全连接与 softmax 输出结果。VGGNet 通过不断加深网络来提升性能。网络结构如图

3-13 所示。

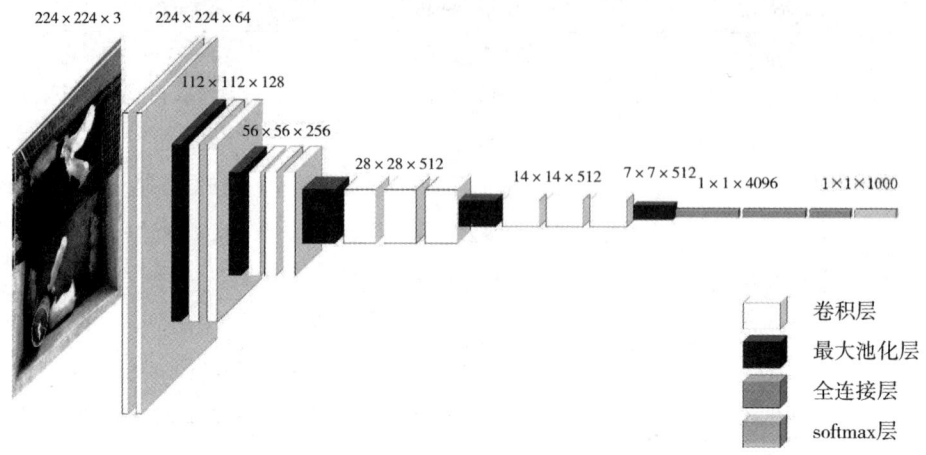

图 3-13 VGGNet 网络结构图

VGGNet 网络结构特点：

通道数多，网络第一层的通道数为 64，后面每层都进行了翻倍，最多达到 512 个通道数，通道数的增加使得更多的信息可以被提取出来；层数更深、特征图更宽，由于卷积核专注于扩大通道数、池化专注于缩小宽和高，因此模型架构上更深更宽的同时，控制了计算量的增加规模。VGG-16 网络结构及参数配置如表 3-8 所示。

表 3-8 VGG-16 网络结构及参数配置

Layer(type)	Output Shape	Parameter
Input	224×224×3	
Conv3-64	224×224×64	(3×3×3)×64=1728
Conv3-64	224×224×64	(3×3×64)×64=36864
Pool2	112×112×64	0
Conv3-128	112×112×128	(3×3×64)×128=73728
Conv3-128	112×112×128	(3×3×128)×128=147456
Pool2	56×56×128	0
Conv3-256	56×56×256	(3×3×128)×256=294912
Conv3-256	56×56×256	(3×3×256)×256=589824

表3-8(续)

Layer(type)	Output Shape	Parameter
Conv3-256	56×56×256	(3×3×256)×256=589824
Pool2	28×28×256	0
Conv3-512	28×28×512	(3×3×256)×512=1179648
Conv3-512	28×28×512	(3×3×512)×512=2359296
Conv3-512	28×28×512	(3×3×512)×512=2359296
Pool2	14×14×512	0
Conv3-512	14×14×512	(3×3×512)×512=2359296
Conv3-512	14×14×512	(3×3×512)×512=2359296
Conv3-512	14×14×512	(3×3×512)×512=2359296
Pool2	7×7×512	0
Fc	1×1×4096	(7×7×512)×4096
Fc	1×1×4096	4096×4096
Fc	1×1×1000	4096×1000

参数量总数为138357544。

VGGNet的优点是：结构非常简洁，整个网络都使用了同样大小的卷积核尺寸3×3和最大池化尺寸2×2。几个小滤波器3×3卷积层的组合比一个大滤波器5×5或7×7卷积层好；验证了通过不断加深网络结构可以提升性能，具有良好的非线性表达能力，网络的判断能力得到了提高。VGGNet的泛化能力非常好，在不同的图片数据集上都有良好的表现。到目前为止，VGGNet依然经常被用来提取特征图像。

VGGNet的缺点是：耗费更多计算资源，并且使用了更多的参数，导致更多的内存占用。其中绝大多数参数都来自第一个全连接层。

（4）Inception

Inception系列网络来自Google，顾名思义其核心模型的名称为"Inception"。Inception的发展经历了4个版本，从早期借鉴了NIN结构设计的v1版本，通过对网络中的传统卷积层的不断改进，逐步演进到v4版本。

Inception v1结构用于GoogLeNet，是2014 ImageNet图像分类与定位两项比赛的双料冠军，为了向LeNet致敬，Google研究人员将网络名称定为GoogLeNet。

GoogLeNet 是基于赫布理论设计的一种具有优良局部拓扑结构的网络，并应用了多尺度处理的观点，在 Inception v1 模块中对输入特征图并行地执行多个卷积运算或池化操作。并将所有输出结果拼接为一个特征图，如图 3-14 所示。GoogLeNet 架构的主要特点是更好地利用网络内部的计算资源，通过精心设计的 Inception 模块以允许增加网络的深度和宽度，同时保持计算预算不变。

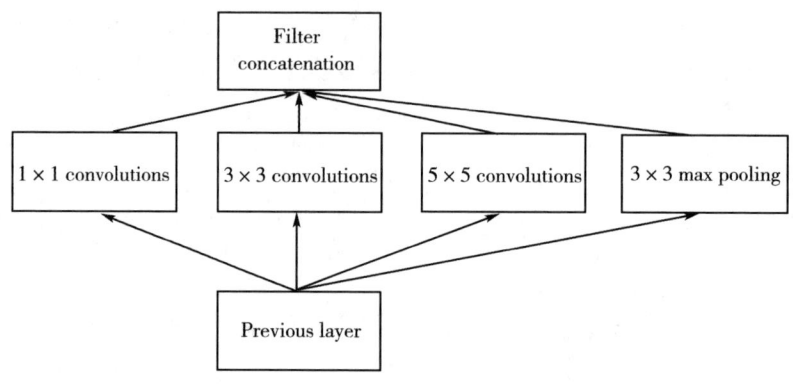

图 3-14 Inception v1 初级模型

由于图像信息位置的巨大差异，为卷积操作选择合适的卷积核大小就比较困难，信息分布更具全局性的图像偏好较大的卷积核，信息分布比较局部的图像偏好较小的卷积核。为了解决这个问题，需要把网络设计得宽一些，而不是更深。因此在 Inception 模块中设计了多条通路，使用 3 个不同大小的滤波器对输入执行卷积操作，并附加最大池化，所有子层的输出最后会被级联起来，并传送至下一个 Inception 模块，这样的设计形式称为多通路(multi-path)。在这种初级模型中，每一层 Inception module 的 filters 参数数量是所有分支上参数数量的总和。多层 Inception 会导致 model 的参数数量巨大。为了降低算力成本，GoogLeNet 使用在 3×3 和 5×5 卷积层之前添加额外的 1×1 卷积层来控制输入的通道数，如图 3-15 所示。1×1 卷积本身比 5×5 卷积计算开销要小得多，而且通道数量减少也有利于降低算力成本，这样的设计形式也称为瓶颈(Bottleneck)。不过一定要注意，1×1 卷积是在最大池化层之后，而不是之前。1×1 卷积既能跨通道组织信息，提高网络的表达能力，又能尽量减少卷积操作数，达到降低模型复杂度的目的。

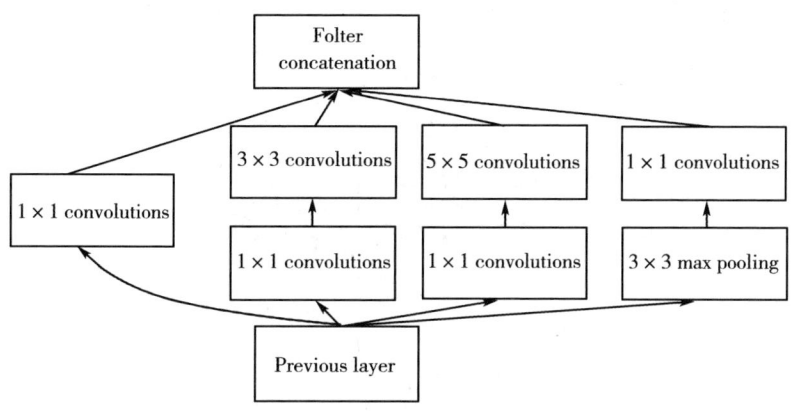

图 3-15　Inception v1 模块

GoogLeNet 模型中有 9 个线性堆的 Inception v1 模块，其中包含 22 个带可学习参数层，并且在最后一个 Inception v1 模块处使用全局平均池化，减少了全接连层的参数，防止过拟合。对于这样的深层神经网络，梯度消失问题是网络训练过程中的一大挑战。为了阻止 GoogLeNet 中间部分的梯度消失，GoogLeNet 还引入了两个辅助分类器，这两个辅助分类器对其中两个 Inception 模块的输出执行 softmax 操作，然后在同样的标签上计算辅助损失以帮助网络中间层的训练。辅助损失只是用于训练，在推断过程中并不使用。

（5）ResNet

深度残差网络（ResNet）可以说是近年来计算机视觉领域中继 AlexNet 后最具开创性的工作，在 2015 年的 ImageNet 分类、定位、检测及 COCO 的物体检测与语义分割五项比赛中全部取得第一名。ResNet 使得成百甚至上千层的神经网络的训练成为可能。一般说来，深度神经网络越深越是有着更强的表达能力，从 AlexNet 的 8 层发展到了 VGG 的 19 层，到 GoogLeNet 的 22 层，再到后继版本有了更深的 Inception 网络。VGGNet 尝试探寻深度学习网络究竟可以加深多少以持续地提高分类准确率，但在 19 层后发现分类准确率下降。后来更多的研究者发现深度神经网络达到一定的深度后如果一味地增加层数分类性能并不能提高，反而会出现网络性能退化。

ResNet 的研究人员将这些问题归结到一个假设：恒等映射是难以学习的。因此，一种直观的修正方法是不再学习从 x 到 $H(x)$ 的基本映射 $x=H(x)$，而是学习这两者之间的"残差"（Residual）$F(x)=H(x)-x$，映射

就成了 $H(x)=F(x)+x$。这样就引出了残差模块，如图 3-16 所示。

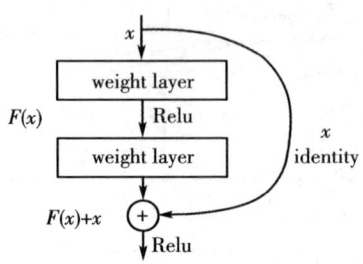

图 3-16　残差模块

ResNet 的每一个残差模块都由一系列层和一个捷径（Shortcut）连接组成，这个捷径将该模块的输入特征图和输出特征图连接到了一起，并在对应元素的位置上执行加法运算（Element-Wise Add），注意残差模块需要让输入输出特征的形状一致。这样的设计极大简化了对恒等层的学习，直觉上，与从头开始学习一个恒等变换相比，让 $F(x)$ 等于并使输出仍为 x 要更加容易。实际上，当一个函数接近于恒等映射而不是 0 时，学习一个参照恒等的扰动比学习一个新的函数容易，实验中发现学习到的残差总体响应较小，这也表明恒等映射是一个合理的假设。回到更深的网络性能退化的问题，由于梯度消失，深度网络的训练变得相当困难，随着网络深度的不断增加，其性能会逐渐趋于饱和，随后开始下降。而 ResNet 的梯度可以直接通过捷径回到更早的层，极大减缓了梯度消失问题，因此可以构造更深的网络。

Emin Orhan 等人对深度神经网络的退化问题进行了更深入的研究，认为深度神经网络的退化才是深层网络难以训练的根本原因，而不是梯度消失。即使在梯度范数较大的情况下，如果深度神经网络的每个层中只有少量的神经元对不同的输入改变响应，而大部分神经对不同的输入响应相同，参数的更新也不会非常有效。也就是说神经网络中可用自由度对这些范数的贡献非常不均衡时，整个权重矩阵的秩不高，并且随着网络加深，连续的矩阵乘运算后秩会更低。一个高维矩阵中大部分维度没有信息，表达能力弱，这就是网络退化问题。残差连接正是强制打破了网络的对称性，提升了网络的表征能力，捷径确保单元至少处于活动状态，打破了这种线性依赖。综上，捷径的存在打破了网络的对称性，提升了网络的表征能力，使得更深的网络成为可能。

得益于 ResNet 强大的表征能力，很多其他的计算机视觉应用，如图像分类、物体检测、语义分割和面部识别等的性能都得到了极大的提升，ResNet也因其简单的结构与优异的性能成为计算机视觉任务中最受欢迎的网络结构之一。

（6）MobileNet

前面提及的网络都是针对大规模图像分类问题设计的高性能网络，但是伴随着模型精度的提升，深度网络模型在计算量、存储空间以及能耗方面的巨大开销（数十亿次浮点操作甚至更多），对于移动应用（通常容许数百万至数千万次浮点操作）是难以满足的，模型必须在有限资源的环境中充分利用计算力、功率和储存空间快速运行并且保持相当的准确度。针对此问题，Google提出了MobileNet网络架构，旨在设计一种高效、小尺寸的移动优先型视觉模型，充分利用移动设备和嵌入式应用的有限计算、存储资源，有效地最大化模型的准确性。MobileNet是轻量化、低延迟、低功耗的参数化模型，它可以满足有限资源下的分类、检测和分割等各种应用。

卷积神经网络的计算量基本集中在卷积层中的卷积操作上，设计高效的卷积层是减少网络计算复杂度的关键。而提高卷积运算效率的有效途径就是稀疏连接（Sparse Connection）。基于此，MobileNet使用深度可分离卷积（Depthwise Separable Convolution）代替了传统卷积。深度可分离卷积由一次逐通道卷积（Depthwise Convolution）和一次逐点卷积（Pointwise Convolution）构成。一个普通卷积核的形状为(M, D_k, D_k)，其中卷积核的通道数M与特征图的通道数一致，而逐通道卷积的形状为$(1, D_k, D_k)$，一个卷积核只与特征图中的一个通道作卷积操作，则共有M个逐通道卷积核与卷积图作逐通道的卷积操作。逐点卷积即1×1的卷积，其形状为$(M, 1, 1)$，将深度卷积核逐通道卷积后的特征图再次聚合在一起输出。

若普通卷积层中有N个卷积核，输入特征图的大小为(H, W)，则这一层卷积的计算量为$N×H×W×M×D_k×D_k$，而进行逐通道卷积的计算量为$H×W×D_k×D_k$，逐点卷积的计算量为$N×H×W×M×1×1$，即深度可分离卷积的总计算量与普通卷积的计算量之比为：

$$\frac{H×W×D_k×D_k+N×H×W×M}{N×H×W×M×D_k×D_k}=\frac{1}{N}+\frac{1}{D_k^2}$$

在实际使用中，深度可分离卷积的常见使用方式如图3-17所示，深度可分离卷积较普通卷积层使用时增加了BN层和非线性激活函数，也是为了引入更多的非线性。

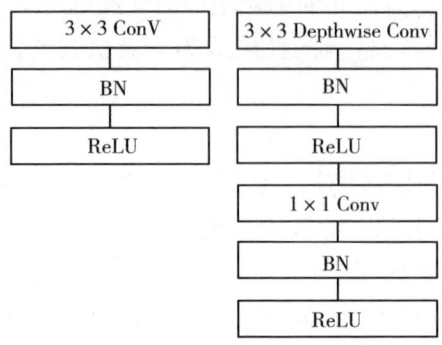

图 3-17　深度可分离卷积

基于深度可分离卷积，Google 的研究人员构建了 MobileNet，MobileNet 中有 95% 的计算量和 75% 的参数属于 1×1 卷积。MobileNet 平衡了计算量、存储空间和准确率三方面的要求。与 VGG16 相比，在很小的精度损失情况下，将运算量减小到原来的 1/30。实验结果也表明，MobileNet 的设计思想在移动设备、自动驾驶汽车，机器人和无人机等对实时性、存储空间，能耗有严格要求的终端智能应用中有较大的发展空间。

二、目标检测深度学习算法

目标检测（Object Detection）也称为物体检测，需要识别图像中存在的物体，并给出这些物体在图像中的位置，相比于图像分类给出物体的类别，目标检测还会涉及为各个对象输出边界框，并根据需要对对象进行分类和定位，因此十分适合人脸识别、行人检测、车辆识别、车牌检测与识别、智能分析等应用领域。

1. 基于区域的卷积神经网络目标检测

2014 年，基于卷积神经网络的物体检测方法 R-CNN 将 Pascal VOC 2007 目标检测的 mAP 从 24% 提升到 48%，并在后续演进的方法中不断取得更高的准确度，开启了目标检测的新篇章。这一类方法继承了传统物体检测的思想，生成目标的候选区域，然后对候选区域进行分类，是两阶段的检测方法。

（1）R-CNN

由 Ross Girshick 提出，使用选择性搜索算法产生大约 2000 个候选区域，再用卷积神经网络对候选区域中的内容进行分类。

其主要步骤如下。

①生成候选区域：输入原始图像，使用选择性搜索算法产生 2000 个左右的候选区域(RoI)，以尽量包含目标可能会出现的区域；

②候选区域缩放：将裁剪下的所有候选区域缩放到固定大小(如卷积神经网络常用的输入大小 224×224)；

③特征提取：使用卷积神经网络提取候选区域的特征，得到 4096 维的特征向量；

④候选区域分类：使用已经预训练好的支持向量机对 2000 多个 4096 维的特征向量进行分类，需要对每一个类别训练一个支持向量机；

⑤非极大值抑制(Non-Maximum Suppression, NMS)：对每一类候选区域进行非极大抑制去除冗余，保留分类得分高且重合较少的区域；

⑥边界精调：使用一个线性回归器来精调边框的位置，使预测边框的位置与真实的位置更加接近，需要对每一个类别训练一个线性回归器。

R-CNN 虽然取得了很好的效果，但依然存在许多问题。

①大量的冗余计算：由于 R-CNN 使用了选择性搜索算法产生了 2000 多个候选区域，因此进行一次卷积神经网络的前向传播，需要进行 2000 多次前向传播，这样的计算量即使使用 GPU 计算，处理一张图像也需要 13 秒。

②候选区域缩放：由于 CNN 网络中的全连接层，输入网络的数据尺寸是固定的，因此候选区域图像输入 CNN 后，会导致部分图像失真。

③训练过程复杂：在对候选区域分类和精调时，使用了 SVM 和线性回归器，因此过程复杂并且缓慢，加上每张图像的 2000×4096 维的特征，占用了极大的资源。

(2) SPP-Net

针对 R-CNN 进行目标检测时需要将剪裁的候选区域缩放到尺寸固定并存在大量冗余计算的问题，何恺明等人提出了用"空间金字塔池化"(Spatial Pyramid Pooling, SPP)的方法来消除上述限制并设计了 SPP-Net。SPP-Net 对整个图像进行特征提取，其中 SPP 模块取代了原来的裁剪与拉伸操作，在每个特征图的候选区域上应用空间金字塔池化，使得这个候选区域用固定长度表示，然后对尺寸、长宽比各异的候选区域提取相同维度的特征。SPP-Net 只执行了一次卷积神经网络提取特征的操作，因为在卷积神经网络中可以根据感受野计算特征图与原始输入图像之间的空间映射关系，所以只需要将选择性搜索在图像上生成的 2000 多个候选区域映射到特征图对应的区域，即可得到候选区域的特征，而不必在每个候选区域上都用卷积神经网络提取特征。这种共享特征图的机制使得特征提取次数从 2000 多次锐减到 1 次，计算量极大地减少。

SPP 层插入在所有卷积层与全连接层之间，为了对尺寸和长度比都不同的候选区域提取固定长度的特征，SPP 层使用空间金字塔采样的方法，提取了多尺度的特征，计算最小尺度的特征时将 $w\times h$ 的窗口划分为 4×4 的块（block），对每个块进行 Max pooling 操作，得到 16×256 的特征，其中 256 是 SPP 层前特征图的通道数。同理再进行其他尺度的特征提取，并把特征拼接起来得到 $(4\times4+2\times2+1\times1)\times256$ 的特征向量送入全连接层。

（3）Fast-RCNN

为解决 R-CNN 的问题，Ross Girshick 在原有框架基础上进行优化并提出了 Fast-RCNN。该算法使用神经网络进行最后的各候选区域的分类和边界框精调，不再使用 SVM 和线性回归，解决了梯度不能最终损失回传的问题。同时参考了 SPP 层的设计提出了 RoI Pooling，不仅能将选择性搜索算法得到的候选区域映射到特征图上，并且能将梯度回传，这样分类损失和边界框精调的回归损失就能用于整个神经网络的训练了。

Fast-RCNN 虽然初步完成了端到端的训练，但从图像生成候选框来说还不是由网络完成，距离完全的端到端训练还有差距。

（4）Faster-RCNN

这是在 Fast-RCNN 基础上，由任少卿等人联袂完成了端到端的目标检索的最后一步。最大的贡献在于解决了 Fast-RCNN 使用选择性搜索产生候选区域导致的速度慢及准确率低的问题，采用的方式就是区域提名网络（Region Proposal Network，RPN）将这一部分也使用一个神经网络来实现。Faster-RCNN 真正实现了目标检测端到端的训练与预测，这种候选区域回归的网络框架成为两阶段目标检测算法的原型。

2. 基于回归的卷积神经网络目标检测

Faster-RCNN 虽然取得了较高的检测精度，但基于区域的检测方法包含候选区域生成与分类回归两个阶段，其速度还不能达到实时检测的要求，而基于回归的卷积神经网络目标检测方法不再将检测分为两个阶段，而从输入图像的位置上直接回归这个位置的边框和分类。

(1) YOLO

You Only Look Once 的简称,该算法实现了 CNN 端到端的目标检测,其过程非常简洁。主要步骤如下:

步骤 1:缩放图像,将输入图片缩放至 448×448,然后送入 CNN 网络;

步骤 2:预测边界框,将图像分割为 $S×S$ 的网格,每个网格对应 B 个边界框,运行网络,预测所有网格对应的边界框位置,并对网络中的内容进行分类;

步骤 3:非极大值抑制,执行 NMS 算法去除重复边界框。

YOLO 网络结构如图 3-18 所示。

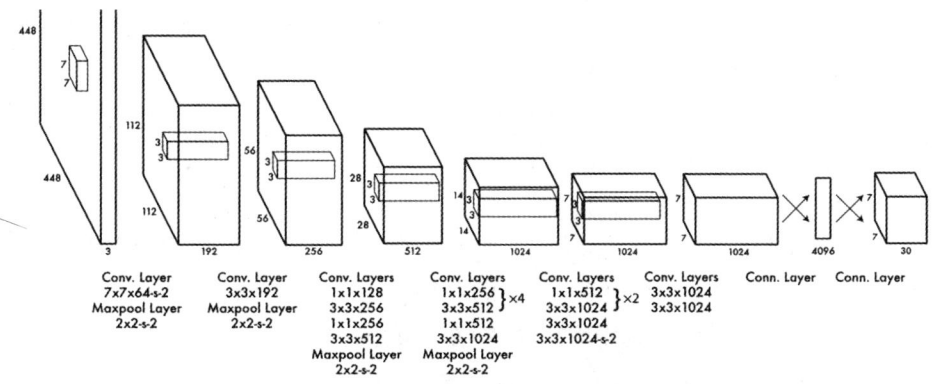

图 3-18 YOLO 网络结构图

YOLO 算法中,输入的图像被分割为 $S×S$ 的网格,每个网格对应 B 个边界框,每个边界框包含 5 个参数,包括边界框的位置 x_1 和一个置信度。置信度表示边界框中包含目标并且辨别位置准确的概率。

$$C_i = \Pr(Object) \times IOU_{pred}^{truth}$$

对网格中的物体进行分类,共有 C 个类别,则 $S×S$ 的网格对应 $S×S×(B×5+C)$ 的特征,在 YOLO 边界框的质量就是用其分类的分数与边界框置信度相乘所得的分数来评价。

$$p_b = \Pr(Class_i | Object) \times \Pr(Object) \times IOU_{pred}^{truch}$$
$$= \Pr(Class_i) \times IOU_{pred}^{truth}$$

YOLO 预测每个网格单元对应 B 个边界框,但在训练时,只希望一个网格中的边界框预测器负责一个边界框对象,此时取当前 IOU 最高为检测对象,然后根据预测边界框与真实边界框间的损失函数来训练网络。YOLO

损失函数包括三个部分：边界框坐标与大小的损失函数 L_{coord}、边界框置信度的损失函数 L_{coof} 和分类损失函数 L_{cls}。

$$L_{coord} = \sum_{i=0}^{S^2} \sum_{j=0}^{B} I_{ij}^{obj} [(x_i - \hat{x}_i)^2 + (y_i - \hat{y}_i)^2]$$

$$= \sum_{i=1}^{S^2} \sum_{j=0}^{B} I_{ij}^{obj} [(\sqrt{w_i} - \sqrt{\hat{w}_i})^2 + (\sqrt{h_i} - \sqrt{\hat{h}_i})^2]$$

$$L_{coof} = \sum_{i=1}^{S^2} \sum_{j=0}^{B} I_{ij}^{obj} (C_i - \hat{C}_i)^2 + \lambda_{noobj} \sum_{i=1}^{S^2} \sum_{j=0}^{B} I_{ij}^{obj} (C_i - \hat{C}_i)^2$$

$$L_{cls} = \sum_{i=1}^{S^2} I_i^{obj} \sum_{c \in classes} [p_i(c) - \hat{p}_i(c)]^2$$

式中，I_i^{obj} 表示目标在第 i 个网格中，I_{ij}^{obj} 表示第 i 个网格中分配了第 j 个边界预测器。YOLO 的总损失函数为：

$$L = \lambda_{coord} L_{coord} + L_{conf} + L_{cls}$$

式中，λ_{noobj} 和 λ_{coord} 为权重，默认为 5。

YOLO 将目标检测任务作为一个回归问题，无须生成建议区域，极大地提升了检测速度，达到了 45fps，适合在资源紧张、实时性要求高的场景中使用。但 YOLO 将图像分割成 $S \times S$ 的网格，因而一定程度上降低了检测精度，也使得检测器最多只能检测 $S \times S \times B$ 个物体，对于一些小的物体同时出现在一个网格中，YOLO 最终也可能检测出一个物体。

(2) SSD

YOLO 为了目标检测的速度牺牲了一定的检测精度，Liu 等人结合 RPN 与直接回归的思想，提出了 SSD 检测方法 (Single Shot MultiBox Detector)。

SSD 进行目标检测时的主要步骤如下：

①缩放图像：将输入图片缩放至 300×300，然后送入 CNN 网络；

②特征提取：使用卷积神经网络提取特征，并在附近加一系列卷积生成多尺度的特征图；

③预测边界框：对不同尺度特征图中的每一个点都设置一组 default box（类似 RPN 中 anchor 对应的矩形框），并且为这些 default box 预设了不同的面积和长宽比，然后对每个 default box 进行分类和边框回归的操作；

④非极大值抑制：执行 NMS 算法去除重复边界框。

SSD 网络由两部分组成，前一部分主干网络用作特征提取，后半部分网络用于生成不同尺寸的特征图，在提取的特征图上再进行一系列卷积操作得到不同尺度的特征图，在特征图中的每个点上生成一组 default box 用于预测分类和调整位置信息。SSD 中 default box 类似 RPN 中的 anchor，在特征图的每个点上都有一组 default box，并且在不同尺寸的特征图上每组 default box 的类型是不同的，如在 38×38 的特征图上使用了 4 种不同的 default box，共 38×38×4 个 default box，经过卷积产生 38×38×4×(C+4) 维向量，其中 C 表示类别数，另外 4 维表示边界框的位置与尺寸。19×19 的特征图上使用了 6 种不同的 default box，共 19×19×6 个 default box，经过卷积产生 19×19×4×(C+4) 维向量，依次到最深层的特征图，总共产生 8732 个 default box 及对应的类别与边界框。

这种多尺度的特征对目标的检测非常有利，在之前的 Faster-RCNN 中，anchors 对应的特征向量都是从最后一层的特征图上得到的，这种单一特征层感受野是十分有限的。而在 SSD 中，从 Conv4_3 开始利用多种尺寸的特征图的组合作为分类和回归的特征，也组合了不同大小的感受野，使用浅层特征检测小物体，使用深层特征检测大物体，对不同尺寸的目标检测鲁棒性更强。SSD 中需要将 default box 与真实边界框匹配，一个简单的策略是取 IoU 最大的匹配，而 SSD 的损失函数与 Faster-RCNN，是一个多任务损失，其中分类损失为交叉熵，边界框回归损失为 Smooth L1。

SSD 方法在保持 YOLO 速度的同时取得了与 Faster-RCNN 的检测精度相当的水准，在 Pascal VOC 数据集上，输入图像为 300×300 时，mAP 达到了 74.3%，59fps，而输入图像为 500×500 时，mAP 达到了 76.8%，22fps。但是 SSD 需要人工设定 default box 的形状与面积，其中不同尺寸的特征图使用了不同的 default box，这需要相当的经验才能取得较好的结果。

三、语义分割深度学习算法

图像语义分割(Semantic Segmentation)将整个图像分成若干像素组，并对其进行标记和分类，是对图像中现有目标进行精确的边界分割。与像分类或目标检测相比，语义分割将图像转换为具有突出显示的感兴趣区域的掩模，对图像的认知到了像素级，这种认知在自动驾驶、图像搜索等许多领域都扮演着关键的角色。图像是一个由像素点构成的矩阵，图像的语义分割其实是像素级的分类，并且将相同类的像素组合在一起。

语义分割的常用数据集有 Pascal VOC、MS COCO、Cityscape 等。Pascal VOC 数据集中包含训练集的 1464 张图像以及测试集的 1449 张图像，共标记了其中的房子、动物、各式交通工具等 21 个类别。而 MS COCO 数据集中包含了超过 80 个类别的标注，提供了超过 82783 张训练图片，40504 张验证图片，以及超过 80000 张测试图片。Cityscape 数据集是以城市道路场景为主的数据集，包含 30 个类别的标注，其中有 5000 张精细标注的图片、20000 张粗略标注的图片。

传统语义分割工作多是根据图像像素自身的低阶视觉信息（Low-level visual cues）来进行图像分割。这些方法无须进行训练，计算复杂度不高，但是在比较复杂的场景或者没有执行标准的情形下其分割的精度不高，而且分割后的目标还要经过一些其他的算法提取语义。

随着卷积神经网络被引入语义分割任务，基于卷积神经网络的语义分割方法被相继提出，不断刷新图像语义分割精度，并且分割速度也不断优化，先进的语义分割方法能对高清图像进行实时语义分割。下面介绍语义分割领域中的代表性工作。

1. 全卷积神经网络（FCN）

全卷积神经网络（Fully Convolutional Neural Networks，FCN）来自 UC Berkeley 的研究小组，开启了 CNN 解决语义分割问题的先河。FCN 完成了一个像素级的端到端的语义分割框架，如图 3-19 所示。FCN 可以接受任意尺寸的输入图像，通过反卷积层对最后一个卷积层的特征图（feature map）进行上采样，将它恢复到输入图像相同的尺寸。这样就可以对每一个像素产生一个预测，同时保留原始输入图像中的空间信息，最后在上采样的特征图上进行像素的分类。

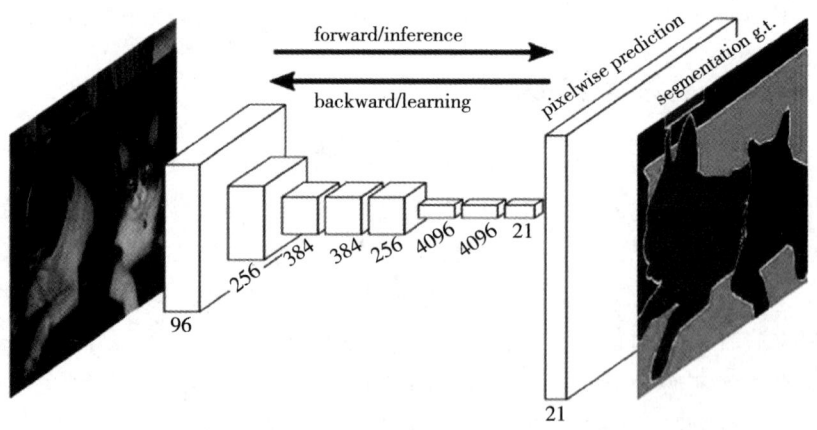

图 3-19　FCN 进行语义分割

一般的卷积神经网络中卷积层结束后会连接若干个全连接层,而全卷积神经网络将全连接层全部替换为卷积层,这样的方式可以保留 AlexNet、VGG、ResNet 等分类网络的主干,将其改造为全连接网络。以 FCN 中使用 AlexNet 为例,分类网络的前 5 层是卷积层;第 6 层、第 7 层是全连接层,其特征是一个长度为 4096 的一维向量;第 8 层输出长度为 1000 的一维向量,对应 1000 个类别的概率。FCN 将这 3 层全改为卷积层,卷积核的大小分别为(256, 1, 1, 4096)、(4096, 1, 1, 4096)、(4096, 1, 1, 1000)。可见该网络中除了池化层以外所有的层都是卷积层,故称为全卷积网络。最后的特征网络可以看作所有类别的热力图。在对 Pascal VOC 进行语义分割时,最后的通道数由 1000 改为了 21,输出 21 通道的热力图,因为 Pascal VOC 的数据中包含 21 个类别,其中包含 20 个物体类别和 1 个背景类别。在这些热力图中按通道方案取得分最高值作为分类的结果。

卷积神经网络中的池化层或者带跨步的卷积会导致特征图的分辨率不断下降,为了解决下采样带来的问题,FCN 利用双线性插值将响应张量的长宽上采样到原图大小。这种直接上采样的方式过于粗糙,为了更好地预测图像中的细节,FCN 使用 skip 连接将网络中浅层的特征结合。例如 FCN-16s 将主干网络的特征图上采样 2 倍后与 pool4 的特征图结合,再上采样 16 倍,同理 FCN-8s 还结合了 pool3 的特征图。这种结合浅层特征的方式可以有效增加分割结果中的细节,提高语义分割的准确性。

FCN 使用不同的主干网络时在 Pascal VOC 上取得了不同的结果,当主干网络为 AlexNet、VGG 时其 mean IU 分别为 39.8% 和 56.0%,可见主干网络的表达能力对分割的结果有很大的影响。

2. SegNet

剑桥大学的 Badrinarayanan 等人参照自编码器的结构,提出了一个编码-解码结构的端到端的语义分割网络 SegNet。

SegNet 的结构是对称的,其编码器基于 VGG,去掉了全连接层,并保存了下采样时所选择特征的位置。在解码器中,先对特征图上采样,然后接卷积层增强特征,反复此结构直到输出分割结果。解码器中上采样的方法是反向的 Max pooling 操作,将特征图扩大一倍,根据 Max pooling 时保留的位置恢复其特征,其他位置补 0。

类似 SegNet 这种编码器-解码器结构的方法还有 DeconvNet 和 UNet 等,DeconvNet 中使用了转置卷积来增强上采样后的特征,而 UNet 中使用了类似FCN中的skip结果，将不同尺度的特征图结合以进行语义分割。

3. DeepLab

来自DeepLab的研究人员Chen等人提出了一种结合全卷积网络与条件随机场（Conditional Random Field，CRF）的语义分割模型，也被称为Deeplab v1，在FCN中池化层会使得特征的长和宽不断下降，这就使得在语义分割时还需要进行上采样，但是上采样并不能将丢失的信息全部无损地找回来。对此，DeepLab的研究人员去掉池化层以避免池化层的下采样操作带来的信息损失。但是去掉池化层会导致网络各层的感受野过小，降低整个模型的预测精度，因此将后继的卷积改为带孔卷积以增加卷积层的感受野。在卷积网络进行了粗略的语义分割后，再使用全连接的条件随机场进行更精细的调整，以解决卷积神经网络边界定位不准确的问题。

DeepLab的研究人员认为分割不好的原因在于卷积神经网络本身分类准确性与定性准确率的冲突，卷积神经网络为了更准确分类需要更大的感受野，并保证平移不变性，这种位置无关性和很大的感受野在计算准确位置时就会十分吃力。但是CRF的计算量大，需要花费很长的时间，而随着Deeplab研究人员对语义分割网络的不断改进，经历v2和v3版本后，网络就可以分割出较为精细的结果，CRF被弃用。

基于卷积神经网络的语义分割相比传统方法取得了突飞猛进的效果，但是其计算量大，对高清图片的分割达不到实时性要求，因此提高分割的速度也成为研究者们努力的方向，例如ICNet。基于卷积神经网络的语义分割另一个被诟病之处在于需要大量高质量标注数据，获取精确到像素级别的标记信息的成本是很大的，因此，研究者们也开始着力于弱监督（Weakly-supervised）语义分割。弱监督条件下，仅需要图像级的标注，如图像中有飞机、天空等信息就可以进行训练与预测，先进的弱监督语义分割模型甚至取得了与部分像素级别的标注训练模型的精度。

第六节 本章小结

本章系统梳理了深度学习的理论基础与技术框架，为车脸识别任务提供了算法支撑。首先，回顾了深度学习从感知机到深度神经网络的演进历程，揭示了其突破传统机器学习瓶颈的核心动因。在基础理论部分，重点解析了感知机的数学模型及其局限性，进而引入多层前馈神经网络的结构设计与计算机制，详细阐述神经元激活函数、网络层级连接方式、前向传播与反向传播算法的数学推导，明确了梯度下降在参数优化中的核心作用。针对模型训练中的常见问题，本章深入探讨了参数更新策略、数据标准化方法、参数初始化原则以及正则化技术，为构建高效稳定的神经网络提供方法论指导。在应用层面，本章聚焦车脸识别的核心任务：图像分类、目标检测与语义分割，分别对比了经典深度学习算法的架构特点与性能优劣，并结合车脸图像特征，分析了算法在车脸局部特征提取、多尺度目标定位及部件精细化分割中的适配性。

第四章　高光照条件下图像自适应增强算法

◆ 第一节　概述

智能交通系统最为基础和重要的功能是对车辆进行检测与识别，而车脸的识别问题难度最大。交通治安卡口获取的图像容易受各种复杂天气因素的影响，如光照、天气（雨、雪、阴天）等，其中光照是极其重要的影响因素，已经成为提升车牌及车脸识别准确率的瓶颈问题。

交通治安卡口监控摄像机采集的高光照条件下的图像细节信息丢失严重，给车脸识别造成困难，因此，如何提升图像质量极具研究价值。随着计算机视觉研究的不断深入，图像增强在各个领域的重要作用也愈发明显。目前学者们采取的方法主要可分为两种：一种是将图像向不同的色彩空间转化，例如将 RGB 色彩空间转换到 HSV 色彩空间，以削弱高光照的影响；另一种是将图像的某些特征值作为光照强度的分类依据，然后应用不同的处理方法，如灰度变换、直方图均衡算法等对图像进行改善，使得车脸特征更容易被检测和提取。其中在高光照条件下取得一定效果的方法通常采用固定的经验值进行调节，这样就导致了高光照强度变化的情况下效果不理想。交通治安卡口图像具有较高的像素值，这就导致了算法计算量的增大，计算效率不高。高光照条件不仅存在于白天，夜晚条件下由于车灯亮度高，周围环境光弱，车辆前部区域亮度过高，也会给车牌及车脸识别造成困难。因此本章研究的重点是高对比度和高亮度构成的高光照图像处理与增强方法。

第二节 基于深度学习的增强算法

由于交通治安卡口监控摄像机系统全天候、不间断工作的特点,白天高光照与夜晚高光照图像对比度及亮度有所不同,所以不能采用统一的图像增强算法。为了增强算法的鲁棒性,需要对原始图像进行分类,通过提升图像的质量进而提高车牌及车脸识别的准确率。

高光照图像分为白天高光照和夜晚高光照两种情况。白天高光照图像是指由于太阳强光照射在车牌上时反射光线进入摄像机中,使图像中车牌区域过于明亮且出现泛白,图像灰度动态范围集中在中、高亮度区域,如图4-1(a)所示。夜晚高光照图像是指图像中存在着至少两个强光源(一般是车灯)使得车牌区域内的亮度很高,车牌明亮泛白,淹没了字符区域导致影响识别效果,如图4-1(b)所示。

(a)白天高光照图像　　　　　　(b)夜晚高光照图像

图 4-1　高光照图像

针对白天高光照与夜晚高光照图像的差异,设计一个分类器对这两种情况进行分类。

传统的图像分类算法需要对图像进行人工特征提取,根据统计到的特征选择训练一种分类器。这些分类器通常包括支持向量机(Support Vector Machine,SVM)、随机森林(Random Forest)、逻辑回归(Logic Regression)等。但是由于监控摄像机拍摄环境复杂的原因,传统方法往往不能满足要求,因而分类精度较低。

2012年开始,卷积神经网络在图像分类问题上展现出了强大的优势,其更强的特征表述能力也得到广泛的认可。与传统方法不同,卷积神经网络可以提取出图像的高级语义特征。考虑到不同光照条件下采集图像的复杂性和差异性，本章采用一种轻量级的 CNN 架构 SqueezeNet[49]，SqueezeNet 具有如下特点：①用 1×1 大小的滤波器替换 3×3 的滤波器；②输入通道数减少到 3×3 的滤波器；③在网络后期进行下采样从而使卷积层具有较大的激活映射。SqueezeNet 主要由 Fire 模块组成，这些 Fire 模块包括 Squeeze 模块和 expand 模块，是带有 1×1 滤波器的卷积层。然后将这些层馈入扩展层，该扩展层包含 1×1 和 3×3 卷积滤波器，如图 4-2 所示。它将原始的卷积更换为 SqueezeNet 网络，在保证准确性的同时使用了较少的参数，在 ImageNet 上实现了与 AlexNet 相近精度的同时，参数减少到 1/50，满足了系统实时性要求。

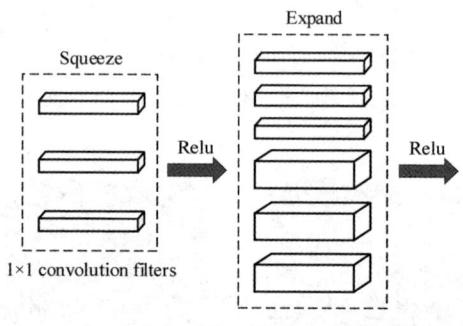

图 4-2 微结构视图：Fire 模块中的卷积过滤器组织

笔者测试了 SVM[50]、Random Forest[51]、Logic Regression[52]、LeNet-5[53]、SqueezeNet 五种不同算法，经过相同的迭代训练之后各分类器算法的训练精度及测试精度结果如表 4-1 所示。

表 4-1 不同分类器结果

	SVM	Random Forest	Logic Regression	LeNet-5	SqueezeNet
训练精度	89.60%	91.30%	92.50%	98.50%	97.90%
测试精度	87.30%	90.20%	91.30%	97.30%	96.20%

结果表明在对高光照图像的二分类问题上，卷积神经网络明显优于传统的分类算法。虽然 LeNet-5 取得了不错的结果，但是由于 SqueezeNet 网络参数少，能够大幅减少运算量，提高了运算速度，并且分类精度较高，因此最终选择 SqueezeNet 进行分类运算。

高光照图像自适应增强算法总体框图如图 4-3 所示。

第四章 高光照条件下图像自适应增强算法

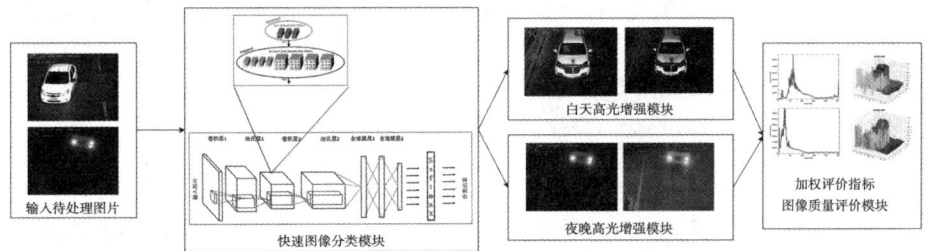

图 4-3 高光照条件下图像增强算法框图

该自适应增强算法由快速图像分类模块、图像增强模块(白天高光和夜晚高光增强模块)和图像质量评价模块三个部分组成。

第三节 高光照图像增强算法

一、白天高光照图像增强算法

白天高光照图像增强的目的是将图像中高亮度区域内的灰度进行拉伸,对低亮度区域的灰度进行压缩,尽可能地保持中间亮度区域。如图 4-4 所示,其灰度均值一般在 50 到 150 之间,灰度动态范围分布较宽。针对白天高光照图像出现字符和背景亮度极高且两者之间的对比度较低的情况,需要进行补偿操作,只对高亮度区域的灰度进行拉伸,尽可能地保持中间亮度区域,压缩低亮度区域。

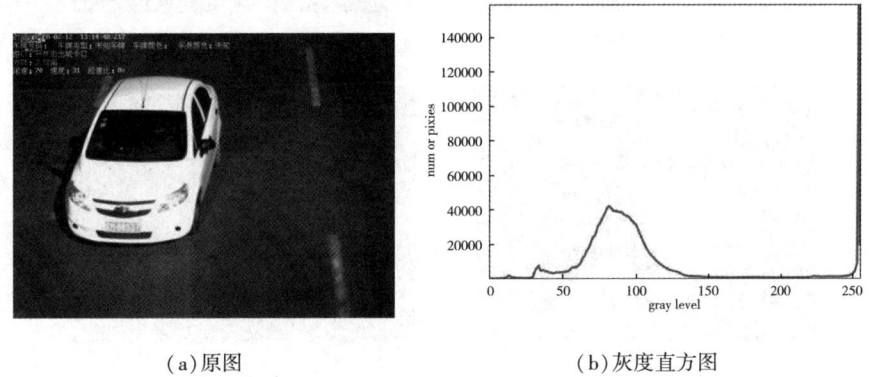

(a)原图 　　　　　　　(b)灰度直方图

图 4-4 白天高光照图像

白天高光照图像的车牌与车身部分反光情况特别明显,需要先去除反光分量,再进行二次增强。本章采用了一种基于深度学习的方法[54],使用一个经过训练的全卷积网络,利用低级和高级图像特征进行端到端学习训练,实现了去除反光分量。

在对白天高光照图像去除反光分量之后,接下来进行二次增强。图4-5展示了用八种方法对白天高光照图像的二次增强结果。可以直观地看出直方图均衡化等七种方法对原始图像的增强效果均不明显,而伽马校正增强了车身与背景的对比度,也提升了车牌区域的识别率。因此在二次增强中,采用伽马校正算法。

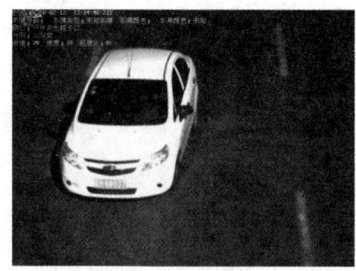
(a)原图

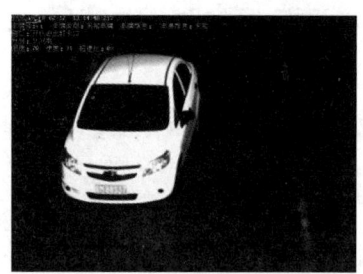
(b)伽马校正法

(c)直方图均衡法

(d)自适应直方图均衡法

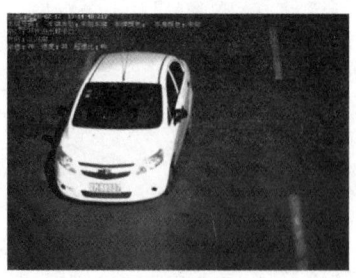
(e)动态阈值法

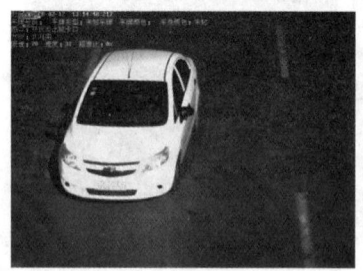
(f)均值法

 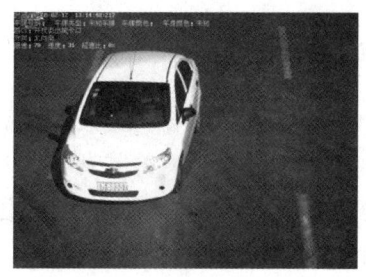

(g)偏色检验法　　　　　　　　　(h)完美反射法

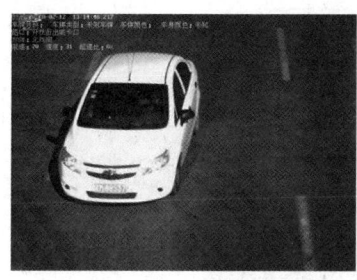

(i)灰度世界算法

图 4-5　白天高光照条件下增强算法处理结果图

最后对车牌进行形态学中的腐蚀操作以细化边缘，如图 4-6 所示。

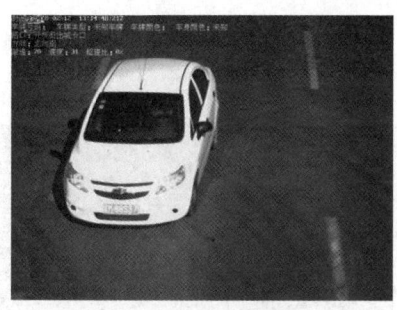 

(a)车辆图像伽马校正　　　　　　(b)车辆图像腐蚀操作

(c)车牌图像伽马校正　　　　　　(d)车牌图像腐蚀操作

图 4-6　伽马变换与腐蚀操作对比图

二、夜晚高光照图像增强算法

夜晚高光照图像增强的主要目的是对夜晚车牌区域过亮的图像，在不放大噪声的同时增强字符与背景之间的对比度。此类图像整体亮度偏低，灰度均值一般在[40，80]，动态范围集中在低亮度区域范围内，而且灰度直方图分散，如图4-7所示。

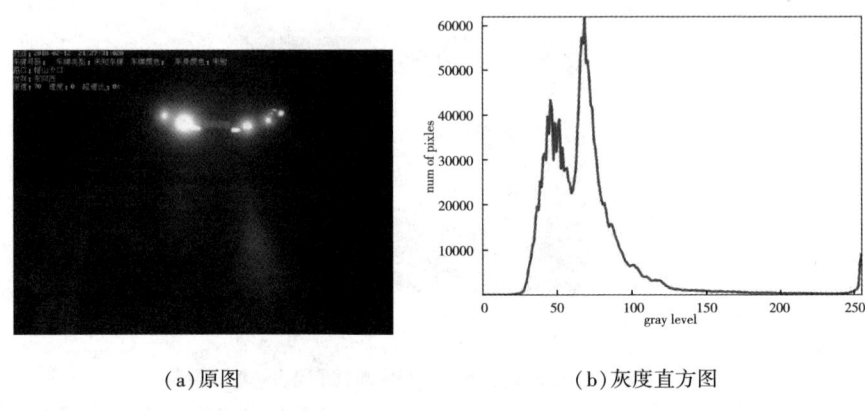

(a) 原图　　　　　　　　　　　　(b) 灰度直方图

图4-7　夜晚高光照图像

图4-8展示了九种不同图像增强算法对图像进行增强之后的效果图。

(a) 原图　　　　　　　　　　　　(b) 伽马校正法

第四章 高光照条件下图像自适应增强算法

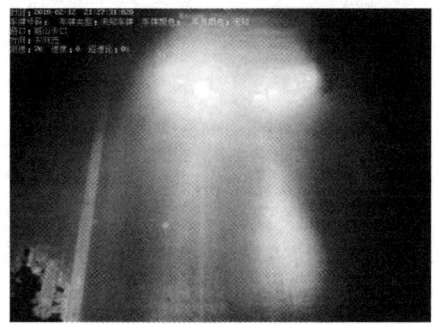
(c) 全局直方图均衡法

(d) 自适应直方图均衡法

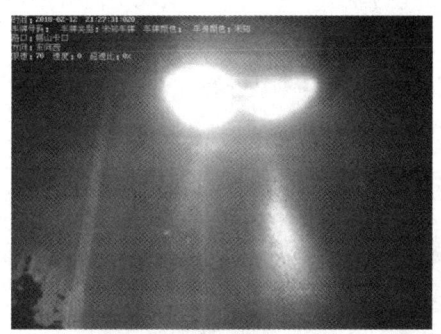
(e) 动态阈值法

(f) 均值法

(g) 偏色检验法

(h) 完美反射法

(i) 彩色恢复多尺度 Retinex　　　　　　(j) Retinex 增强算法

图 4-8　夜晚高光照条件下增强算法处理结果图

由于图像整体亮度较低，可以看出带色彩恢复的多尺度 Retinex 增强算法（MSRCR）能够在一定程度上补充光源，又不过度曝光。其他算法的增强效果并不显著，因此采用 MSRCR 算法对夜晚高光图像进行增强，图 4-9 展示了经过该算法处理之后的车脸区域情况。

(a) 增强前

(b) 增强后

图 4-9　MSRCR 增强前后车脸区域对比

◆◆ 第四节　增强算法的数学模型

一、基于深度学习去除镜面反射算法

对于去除高光照图像的反光分量,学术界一直在研究,如今随着深度学习研究的不断深入,已经取得了一定的突破。

1. 算法原理

给定一张带有反光的图像,先将其归一化:其中 $I\in[0,1]^{m\times n\times 3}$,将 I 分解成传输层 $f_T(I;\theta)$ 和反射层 $f_R(I;\theta)$,θ 是网络的权重。网络的训练数据为 $D=\{(I,T,R)\}$,其中 I 是输入图像,T 是传输层,R 是反射层。损失函数包括三部分:特征损失(Feature Loss)记为 L_{feat},对抗损失(Adversarial Loss)记为 L_{adv} 和排除损失(Exclusion Loss)记为 L_{excl},网络的总损失为:

$$L(\theta)=w_1 L_{feat}(\theta)+w_2 L_{adv}(\theta)+w_3 L_{excl}(\theta)$$

式中,w_1,w_2,w_3 为权重。

从 VGG-16 中提取 5 层卷积神经网络的特征,然后和输入图像拼接起来作为模型 f 的输入,其中输入的图像大小为 513×513,f 的第一层是 1×1 的卷积。将输入的维度降到 64,接下来的 8 层都是 3×3 的空洞卷积,所有中间层的通道数都是 64。在最后一层,用线性变换在 RGB 颜色空间上合成 2 张图像。

2. 损失函数

计算 Feature Loss:

$$L(\theta)=w_1 L_{feat}(\theta)+w_2 L_{adv}(\theta)+w_3 L_{excl}(\theta)$$

计算 Adversarial Loss:

$$L_{adv}(\theta)=\sum_{I\in D}-\log D[I,f_T(I;\theta)]$$

计算 Exclusion Loss:

$$L_{excl}(\theta)=\sum_{I\in D}\sum_{n=1}^{N}\|\psi(f_T^n(I;\theta),f_R^n(I;\theta))\|_F$$

设置实验参数如下:batch size 为 1,训练 200 个 epochs,learning rate 为 0.001,用 Adam 算法优化。实验硬件环境为 PC 机,处理器为 Intel Core i5-4460 CPU 3.2GHz,16G 内存;软件环境为 PyTorch1.3。结果如图 4-10 所

示。

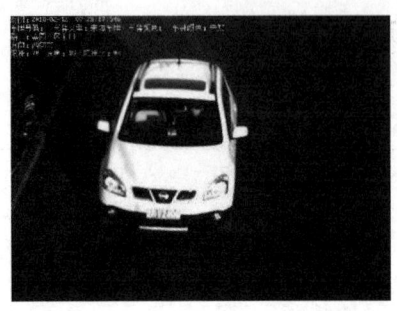
(a)原图

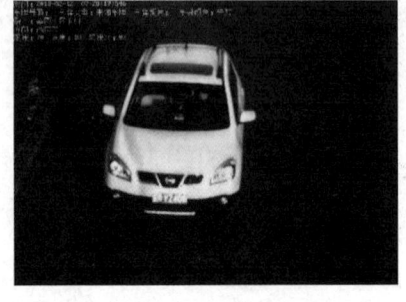
(b)处理后图像

图 4-10　去除图像反光分量

二、伽马校正算法

光照不均匀的场景中，高亮区域和阴影区域分布不规律。因此，单一的算法难以完成图像增强的目标。伽马校正就是对图像的伽马曲线进行编辑，对图像进行非线性色调编辑的方法，检出图像信号中的深色部分和浅色部分，并使两者比例增大，从而提高图像对比度效果。伽马校正是一种可以根据参数设置的不同增大或缩小图像亮度的算法，但参数需要输入时设定。

伽马校正的数学表达式为 $f(I)=I^{\gamma}$，当 $\gamma>1$ 时，低灰度值区域的对比度降低，高灰度值区域的对比度提高，图像整体灰度值变小。当 $\gamma<1$ 时，在低灰度值区域内动态范围变大，图像对比度增强；在高灰度值区域内，动态范围变小，图像对比度降低，同时图像整体灰度值变大。

三、MSRCR 算法

MSRCR 算法[55]利用彩色恢复因子，调节原始图像中 RGB 颜色通道之间的比例关系，从而把相对较暗区域的信息凸显出来，消除了图像色彩失真。处理后的图像局部对比度提高，亮度与真实场景相似，图像更加逼真。

MSRCR 计算公式为：

$$R_{MSRCR}(x, y) = C_i(x, y) \sum_{n=1}^{N} \omega_n \{\log I(x, y) - \log[I(x, y) * G_n(x, y)]\}$$

式中，I 为输入图像，C_i 表示图像第 i 个通道的色彩恢复因子，用来控制合成图像颜色通道的比例;N 表示尺度个数,通常取值为 3,表示大、中、小 3 个尺度;ω_n 为第 n 个尺度的加权系数;$G_n(x,y)$ 为高斯滤波函数,* 表示滤波操作。

◆ 第五节 实验结果与分析

一、实验数据集

书中所有实验使用的数据集均来自中国东北某城市不同道路上 22 个交通治安卡口高清监控摄像机采集到的 103028 幅车辆图像,其中有效图像为 80197 张。其中,白天图像为 49453 张,夜晚图像为 30744 张;4136 辆车具有白天和夜晚不同光照强度下的图像。本数据集图像尺寸大小均为 1632×1232。

二、图像质量评价指标

图像增强的效果除了主观评价之外,更需要用客观的衡量指标直观地反映图像质量。客观指标结果可靠,实施简单。单一的图像质量客观评价指标往往只能从某个特定的角度衡量图像的损失程度,比如结构相似性(Structural Similarity Index,SSIM)[56] 从图像像素值的角度出发,值域是 0 到 1,值越大,表示图像相似度越大;归一化互信息(Normalized Mutual Information,NMI)[57] 从信息熵的角度出发度量图片相似度,值域是 0 到 1,值越大,表示图像相似度越大;均方误差(Mean Square Error,MSE)表示目标图像与原始图像所有像素点之间平方误差的期望值,值越小,表示图像相似度越大。为方便计算,在不影响相似度比较的前提下,对均方误差进行归一化,即归一化均方误差(Normalized Mean Square Error,NMSE)。本实验提出了一种加权综合图像质量衡量指标评价的方法,如下式所示:

$$Loss = \frac{1}{n}\sum_{i=1}^{n}\left[w_1^{-1}SSIM(i) + w_2^{-1}NMI(i) + w_3^{-1}NMSE(i)^{-1}\right]$$

式中,n 表示待评价样本数量,i 表示第 i 个待处理样本。

为了使三个指标变化方向一致,将 NMSE 指标进行取反操作。最终的结果越接近 1,图像损失越小。实验表明,当 $w_1=0.3$,$w_2=0.3$,$w_3=0.4$ 时,评价效果最佳。

三、实验结果与分析

白天高光照图像处理之后灰度值变小，整张图像的对比度增强，边缘像素值被稀疏化，如图 4-11 所示。

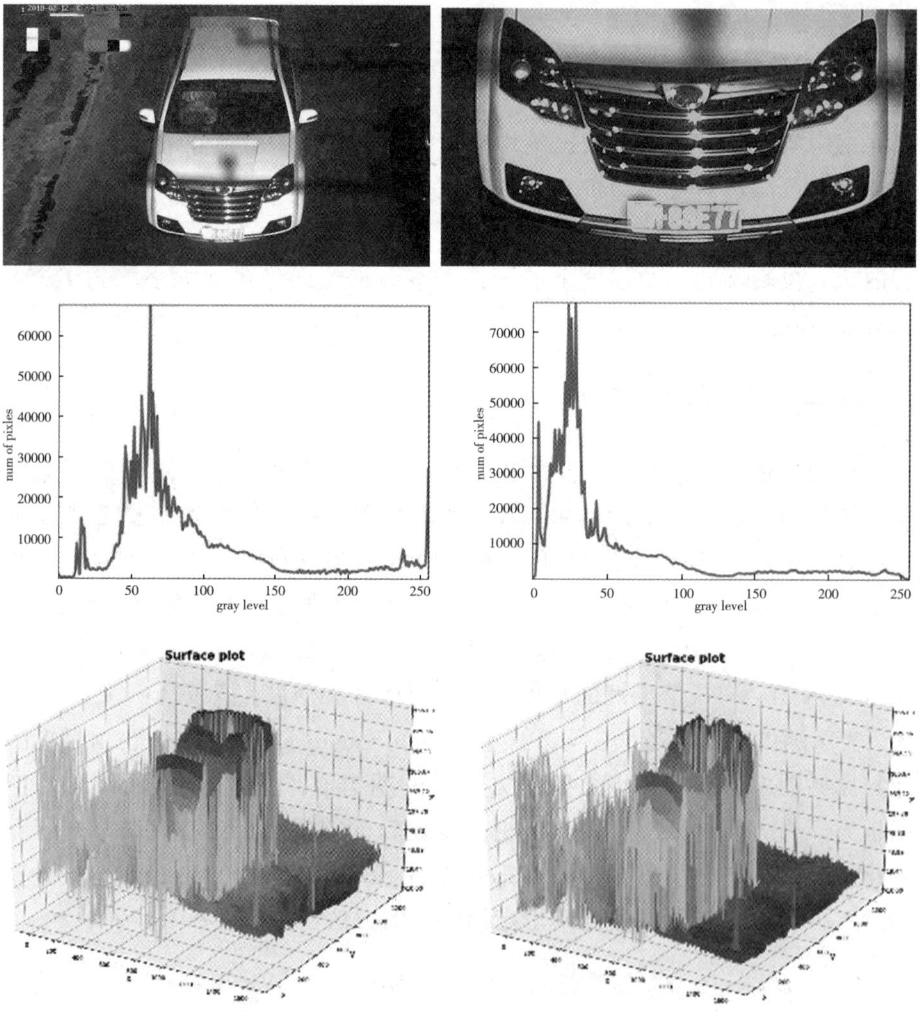

(a) 处理前灰度直方图及二维像素分布图　　(b) 处理后灰度直方图及二维像素分布图

图 4-11　白天高光照图像处理前后灰度直方图以及像素分布对比

夜晚高光照图像处理之后图像整体的亮度增加,车牌位置对比度增强,整体直方图变得更加平滑,其形状和二维高斯分布比较相似,同时灰度值有所提升,处理之后的边缘像素点变少,图像像素的基准有所提升,如图 4-12 所示。

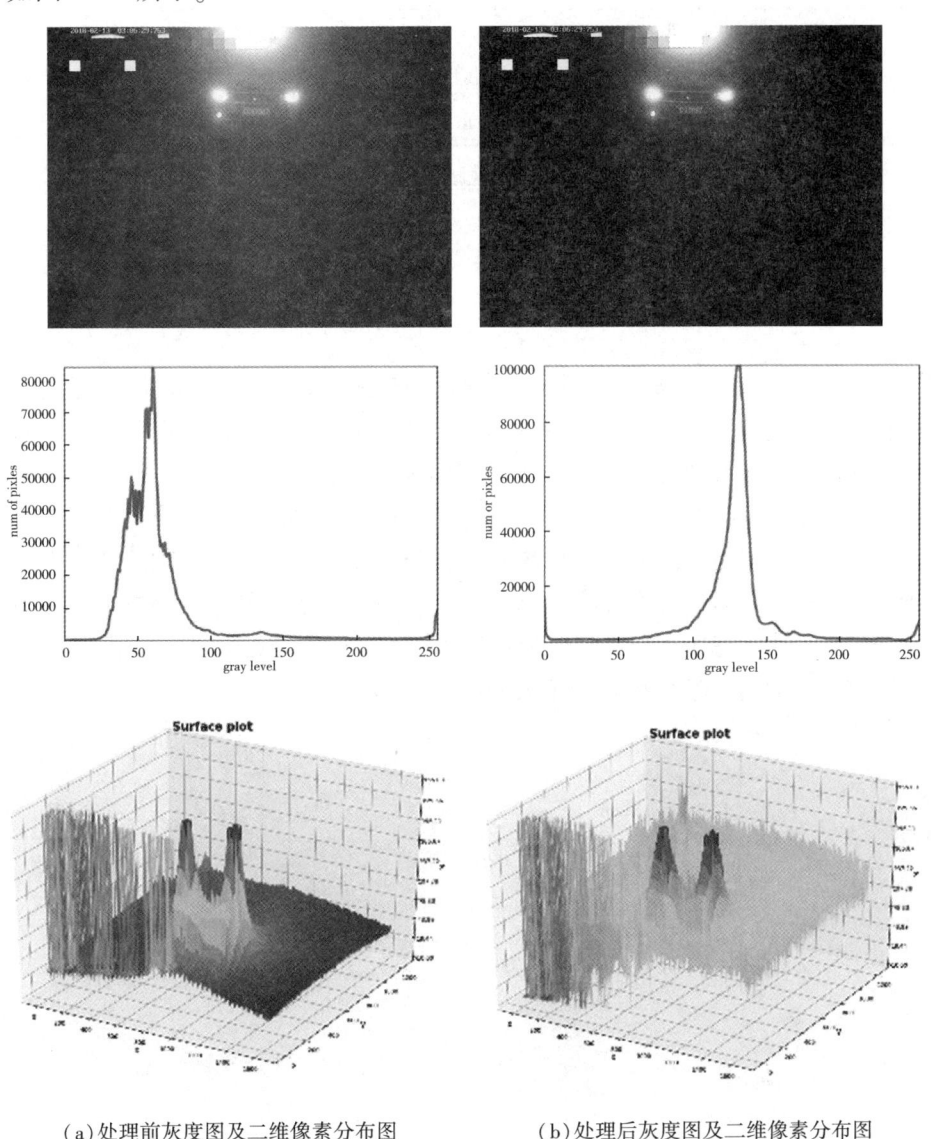

(a)处理前灰度图及二维像素分布图　　(b)处理后灰度图及二维像素分布图

图 4-12　夜晚高光照图像处理前后灰度图以及二维像素分布图

实验结果表明,无论白天高光照还是夜晚高光照图像在增强之后,SSIM 和 NMSE 指标都较高,说明在细节恢复的前提下,图像整体的损失较小,处理效果比较可观,如表 4-2 所示。

表 4-2 高光照图像处理衡量指标

类型	SSIM	NMI	NMSE	加权综合
夜晚高光	0.802	0.811	0.818	0.847
白天高光	0.856	0.872	0.871	0.893

其中,SSIM、NMI、NMSE 指标越接近 1,表明图像增强效果越好。

第六节 本章小结

本章针对交通治安卡口高光照条件下的图像增强问题,分析了深度卷积神经网络的相关理论,卷积神经网络可以高效提取出图像的高级语义特征,分析了基于深度学习融合的自适应增强算法。该算法首先通过卷积神经网络 SqueezeNet 算法对白天高光照和夜晚低光型图像进行快速分类,其次根据分类后不同类别的图像特征各自进行有针对性的二次图像增强处理,最后设计一种加权综合图像质量衡量评价指标。实验结果表明,该方法能够对交通治安卡口高光照条件下的图像实现有效的增强,提高了识别的准确率,而且算法的性能具有良好的鲁棒性。

第五章　低光照条件下图像自适应增强算法

◆◆ 第一节　概述

交通治安卡口获取的图像主要解决车牌识别以及车脸识别问题，但两者侧重的区域和内容不同：车牌识别通常包含车牌区域检测以及车牌识别，而车脸识别通常只包括除车牌外的区域的检测和识别。在实际应用中，由于交通治安卡口摄像机具有全天候、不间断工作的特点，在这种环境下采集到的车辆图像易受各种复杂因素的影响，如光照、天气等因素以及车牌自身带有不同程度的褪色、老旧、污渍、扭曲等问题，这些对图像质量都有相当大的影响，进而影响车脸的识别准确率。

本章介绍的重点是在极端光照条件下，由低对比度和低亮度构成的低光照图像处理与增强。低光照图像中的灰度值总体偏小，使得图像整体偏暗。各个相邻的像素之间的相关性大，相似的像素值分布集中，轮廓等边缘像素对应的灰度值与非边缘的邻域像素对应的灰度值差异较小，细节信息弱化，这种弱化现象在图像增强过程中容易造成信息的丢失。低光照条件下的图像由于其所受光照不均的影响，易产生噪声和局部欠曝光等现象，容易造成在增强过程中产生光晕、欠曝光、过度曝光等问题。

低光照条件下的图像增强研究成果主要集中在以下三个方面。

(1)基于直方图类算法

直方图均衡法是一种非常经典的函数映射类的方法。低光照条件下传统的直方图均衡方法虽然提升图像的亮度，并调节图像中亮度不均的问题，但损失了图像中大量的细节信息，因此无法满足现实要求。所以有很多学者提出了改进的直方图均衡方法，但是需要结合图像细节信息进行有针对性的图像增强，使其减少对图像纹理的损失。

(2)基于模型类算法

此类算法以 Retinex 理论为主，可以在不影响图像其他属性的情况下对图像的亮度进行调整，这样在图像增强的操作过程中可以避免增加或减弱图像的其他属性信息。Retinex 算法虽然能对图像中的整体信息进行增强，但局部信息的增强效果不佳且算法的可拓展性不好，结构不灵活。

(3)色调映射类

该方法可以拓展低光照图像的动态范围改善图像的亮度及图像光照不均的不足，但这种动态范围的拓展常常会以衰减对比度为代价。改进后的算法通常存在算法结构复杂、计算量大的问题，应用场景受限。

基于上述分析，本章研究的重点是低对比度和低亮度构成的低光照图像处理与增强方法。介绍了一种深度可分离卷积(Depthwise Separable Convolution)网络模型，对车脸图像进行分类，针对不同时段的光照类别，采用融合的增强策略与增强算法，提高了低光照条件下图像增强的有效性和合理性。

◆ 第二节　基于深度学习的增强算法

交通治安卡口处的图像识别算法从宏观上可以分为两类：基于传统的方法和基于深度学习的算法。前者在进行字符分割时通常将图像进行二值化处理，因为光照关系的影响，二值图像存在很多噪点，所以如何降噪滤波是该算法的重中之重。比如文献[58]针对传统车牌字符分割难以解决低图像质量车牌，提出了混合车牌字符分割算法，结合连通区域的车牌字符分割以及基于条件随机场的字符分割。文献[59]用改进后的高低帽变换对传统的固定阈值二值化算法进行了优化，并将其运用到了车牌图像的二值化算法中，改善了不均匀光照对车牌图像的影响。为了消除车牌周围的干扰点，文献[60]首先利用车牌颜色特征生成灰度图像并进行二值化，将其与基于 HSI 空间生成的二值图像执行逻辑与操作。文献[61]首先采用图像增强方法增大图像对比度并削弱光照不均对定位的影响，然后采用 Canny 算子检测图像边缘。上述这些针对二值化图像的噪点进行降噪滤波的方法虽然在一定程度上提升了字符分割的准确率，但是对于车牌区域检测与车辆识别意义不大，尤其是深度学习相关算法问世之后。其利用卷积神经网络自动提取图像的高级语义特征，无须进行二值化操作，直接设计网络结构即可完成识别任务。正是因为两者的差异性，相应的增强算法也应该有所不同。

基于深度学习的算法虽然在数据集上表现得效果优良，但是在实际场景中识别率却有所降低，这说明造成低识别率的原因和检测算法的选择无关，只是复杂场景下算法的鲁棒性有待提升。为了解决这一问题，文献[62]针对复杂场景的特点，先对收集到的复杂图像进行了一些特殊的图像预处理，包含图像去雾处理、光照补偿处理以及去运动模糊处理，并对所有预处理方法进行仿真测试。结果表明图像预处理操作对图像清晰化有较好的效果，该方法虽然在一定程度上提升了识别算法的精确度，但是没有对复杂场景以及该场景下图像的特点进行详细的分析。比如在复杂光照情况下，由于交通治安卡口系统工作的特点，白天与夜晚图像对比度以及亮度有所不同，所以采用统一的图像增强算法显然不合理。为了增强算法的鲁棒性，有必要对待处理的图像进行有针对性分类，从而提升图像的质量进而提高车辆识别的准确率。

一、交通治安卡口图像分析

通过对数据集中的原图像进行分析发现，低光照条件下，图像的清晰度和质量均较差。在某些情况下光照较低导致车体部分较暗，与周围环境对比度低甚至完全淹没在视野之中。

白天低光照图像是指在白天早晨、黄昏、阴天或雨天时，由于光线不足且车牌识别系统的补光灯没有开启或补光效果不理想，因此整张图像虽然亮度稍微偏低，图像的对比度却极低，如图5-1(a)所示。夜晚低光照图像是指在夜晚时车牌识别系统的补光灯没有开启或开启后效果太差，使得整个图像亮度和对比度都很低，但是车灯部分又格外明亮，如图5-1(b)所示。因此可以按照不同时段将低光照图像分为两大类：白天低光照和夜晚低光照。

 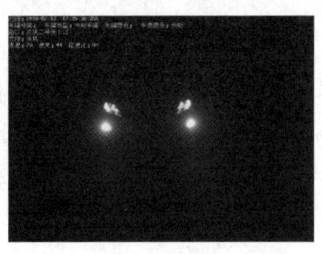

(a)白天低光　　　　　　(b)夜晚低光

图 5-1 低光照图像

通过对上述低光照图像的分析可知：无论是白天或者夜晚的图像，整体的亮度都偏暗。对于低光图像，因为对比度极低，导致无法从肉眼上识别出车牌的位置，因此需要进行图像增强。由于白天与夜晚图像亮度以及对比度的差异性，因此采用不同的处理方式区别对待。

二、图像分类器设计

为了实现对交通治安卡口图像差异性进行分类，提出了一种图像光照强度分类算法。传统的图像分类算法首先要对图像进行特征提取，这种特征通常是人工设计的特征或者颜色纹理等特征，根据统计到的特征，选择训练一种分类器以达到相应的目的，这些分类器通常包括支持向量机、随机森林、神经网络等。但是由于交通治安卡口的拍摄角度不同，背景及光照复杂等因素，传统的特征往往不能满足要求，从而导致分类精度比较低[63-64]。

2012 年开始，卷积神经网络在图像分类问题上展现出了强大的优势，其更强的特征表述能力也得到更多人的肯定[65]。与传统的人工提取特征不同，卷积神经网络可以提取出图像的高级语义特征，随着网络结构的不断加深，这些特征也表现得越来越抽象。考虑到不同光照条件下采集到的车牌图像的复杂性和差异性，介绍了采用 LeNet-5 卷积神经网络对待增强的图片进行分类[66]，由两个卷积池化层和三个全连接层组成，其中损失函数定义为交叉熵损失函数，采取随机梯度下降法进行参数的更新迭代，对 500 张训练样本迭代训练 1000 次之后达到了 98.6%的准确率。

与其他卷积神经网络相比，LeNet-5 网络可以看成众多卷积神经网络的基础，只有 5 层的网络结构就在该分类问题上达到了较高的准确率。但是考虑到系统的实时性，采用了一种轻量级的网络结构：将原始的卷积更换成深度可分离卷积[67-69]。深度可分离卷积与传统卷积不同的是，该卷积核先进行深度计算，即通道上分离后和输入图像的每一个通道进行卷积操作；然后进行点卷积运算，即采用 1×1 的卷积核进行运算。图 5-2 中以 12×12×3 的特征图为例，经过 5×5 的卷积核进行卷积运算，输出特征图大小为 8×8×256。传统卷积可以看成有 256 个 5×5×3 内核移动了 8×8 次，其运算量为 5×5×3×256×8×8 = 1228800；深度可分离卷积中，深度运算为 3 个 5×5×1 的卷积核移动了 8×8 次，点卷积为 256 个 1×1×3 的卷积核移动了 8×8 次，其运算量为 5×5×3×8×8+1×1×3×8×8×256=53952。由此可见其运算量减少到 1/23。

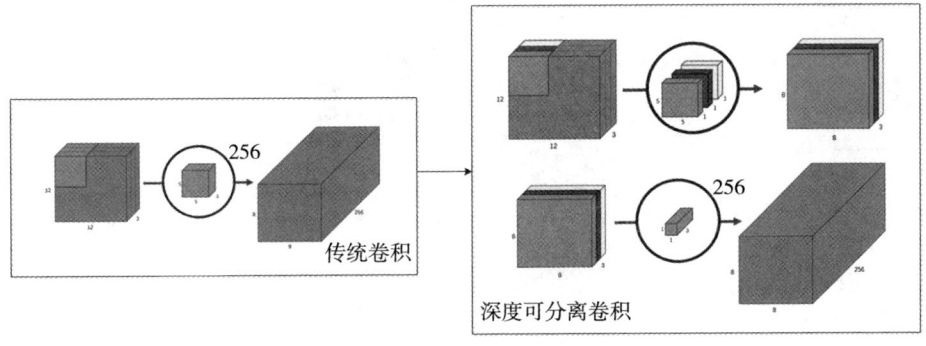

图 5-2　传统卷积与深度可分离卷积

在实验阶段采用深度可分离卷积，使用与 LeNet-5 相同的超参数和训练数据，准确率达到 97.7%。同时，为了验证该方法的有效性和准确性，我们还对支持向量机、随机森林和逻辑回归三种不同的算法进行了测试。经过相同的迭代训练，准确率分别为 89.3%、91.9% 和 91.2%，见表 5-1。

表 5-1　不同分类器的实验结果

分类器	深度可分离卷积	支持向量机	随机森林	逻辑回归
训练精度	98.90%	90.60%	94.50%	93.70%
测试精度	97.70%	89.30%	91.90%	91.20%

由表 5-1 可知，深度可分离卷积神经网络在低光照图像的二分类中明显优于传统的分类算法。

第三节　低光照条件下图像增强算法

低光条件下图像自适应增强算法总体框图如图 5-3 所示。该自适应增强算法由快速图像分类模块、图像增强模块（白天低光图像和夜晚低光图像增强模块）、图像质量评价模块三个部分组成。

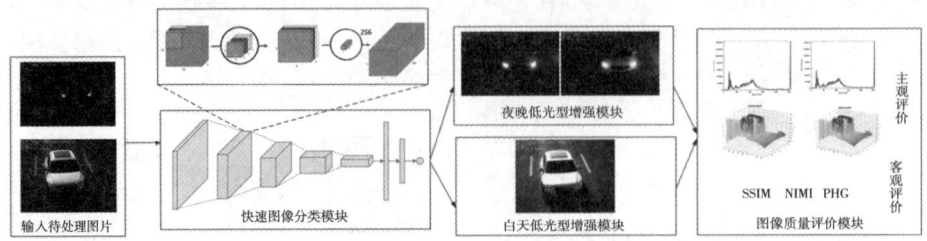

图 5-3 低光照条件下图像增强算法框图

一、夜晚低光照图像增强算法

夜晚低光照图像增强的主要目的是在不放大噪声的同时尽可能地增大车牌区域字符与背景的对比度，同时增加图像的整体亮度。图 5-4(a)为一幅夜晚低光下的原始图像，图 5-4(b)是灰度图像的直方图。低光照图像的基本特点是图像灰度动态范围很窄并且伴随着很高的随机噪声，图像整体亮度很低，灰度均值一般在 50 以下，而且其二维色度分布直方图并没有聚集在一个小范围内，一般较分散，图像中车灯位置存在明显的强光。

从图 5-4(b)的灰度图像直方图可以看出，整个图像的灰度分布在[0,50]范围内，而图像增强的目的就是将该范围内的灰度级进行扩展，但是简单的直方图均衡化对于夜晚低光图像增强效果差，分段线性变换法对于分段点的选择较难实现自适应，而同态滤波、小波变换虽然处理效果不错，但代价是计算量大且耗时较长。如果采用非线性变换法(比如对数变换)，由于灰度动态范围过小，对其进行增强将失真严重，并且噪声也会同样放大。

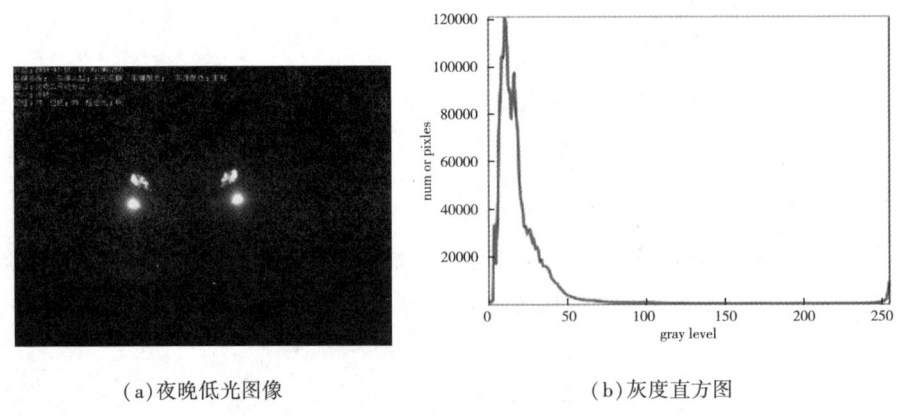

(a) 夜晚低光图像　　　　　　　　　(b) 灰度直方图

图 5-4　夜晚低光照图像及其灰度直方图

1. 基于直方图的增强算法

图 5-5(a) 和图 5-5(b) 表示直方图均衡化[70]，以及全局直方图均衡化对原始图像增强之后的效果。通过对原始图像的处理之后可以发现，简单的直方图均衡化之后图像整体偏灰，灯光部分的强光被放大而且引入了大量的噪声，全局直方图均衡化处理之后整体图像增强的效果并不明显。

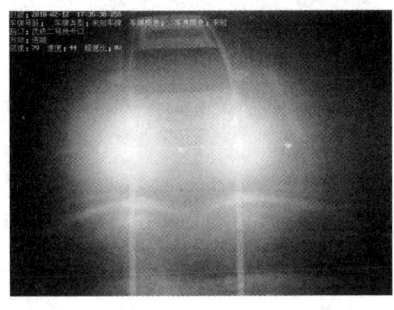

(a) 全局直方图均衡化　　　　(b) 自适应直方图均衡化

图 5-5　全局和自适应直方图均衡化效果图

2. 基于 Retinex 算法

图 5-6(b) 到图 5-6(d) 分别表示多尺度 Retinex 算法[71,72]、色彩增益加权算法以及 MSRCR 算法。三种方法相比之下，色彩增益加权算法对图像增强之后的效果比较好，尽管将原始图像中处在黑暗中的汽车恢复出来，但处理之后的图像引入了大量的噪声，且这部分噪声无法用经典的滤波算法过滤，该方法十分耗时，代价巨大，故不采用这种方法对图像进行增强。

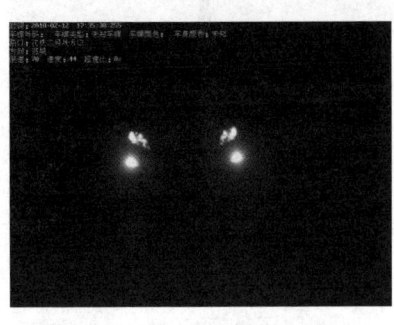 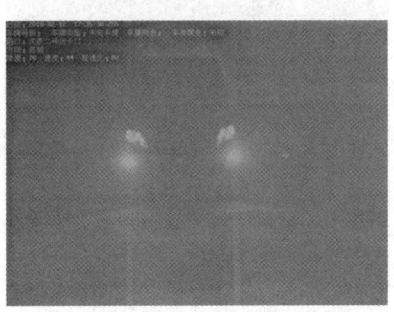

(a) 原图　　　　　　　　　　(b) 多尺度 Retinex 算法

(c)色彩增益加权

(d)彩色恢复多尺度 Retinex

图 5-6　基于 Retinex 算法处理效果图

3. 基于白平衡的图像增强算法

原始图像经过图 5-7(b)到图 5-7(f)五种不同的白平衡算法[73]处理之后，只有动态阈值法将隐藏在整体黑色区域的车显现出来，其他四种方法均不能达到图像增强的效果。但是由于原始图像亮度和对比度病态情况严重，所以动态阈值法操作之后，整体亮度还是偏暗，车灯高光反射部分明显，故要对图像采取二次增强以进一步改变亮度。

(a)原图

(b)均值法

(c)完美反射法

(d)灰度世界假设法

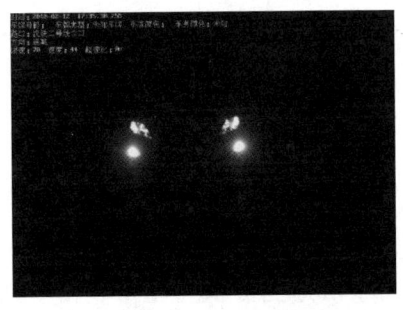

(e）偏色检验的颜色矫正法　　　　　(f）动态阈值法

图 5-7　基于白平衡的图像增强算法处理效果图

图 5-8 和图 5-9 分别表示利用自适应直方图均衡化和伽马校正进行二次增强之后的效果。通过对比之后发现伽马变换虽然可以实现对整体图像亮度的调整，但是却牺牲了图像的对比度，增强之后的图像没有层次感，车灯部分曝光度被增强，整体图像泛白。

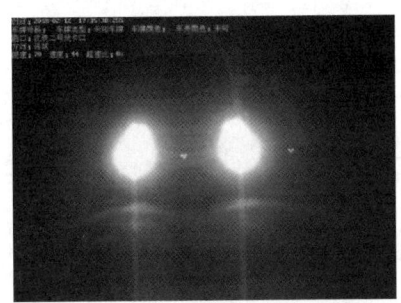 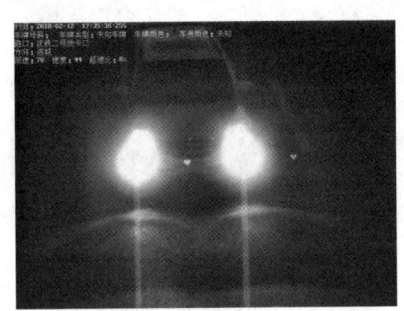

（a）原图　　　　　　　　　　　　（b）增强后图像

图 5-8　自适应直方图均衡化进行二次增强

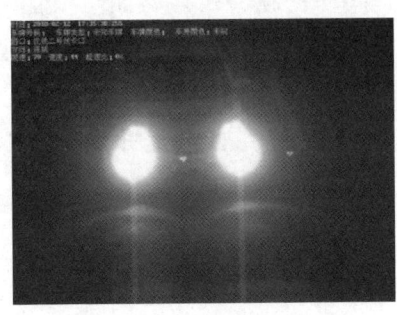 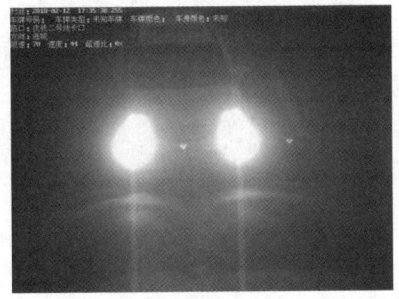

（a）原图　　　　　　　　　　　　（b）增强后图像

图 5-9　伽马校正进行二次增强

经过上述分析,应采用基于动态阈值的白平衡算法和自适应直方图均衡化对夜晚低光照图像进行增强。

二、白天低光照图像增强算法

白天低光图像增强的主要目的是对亮度偏低的图像进行亮度增强,而对于亮度适中的图像进行适当的拉伸。文中所述白天低光图像是指受到阴天、雨天等因素影响导致的图像整体亮度偏低,图像灰度动态范围集中在中、低亮度区域,如图 5-10(b)所示,其灰度均值一般在[10,50]范围内。

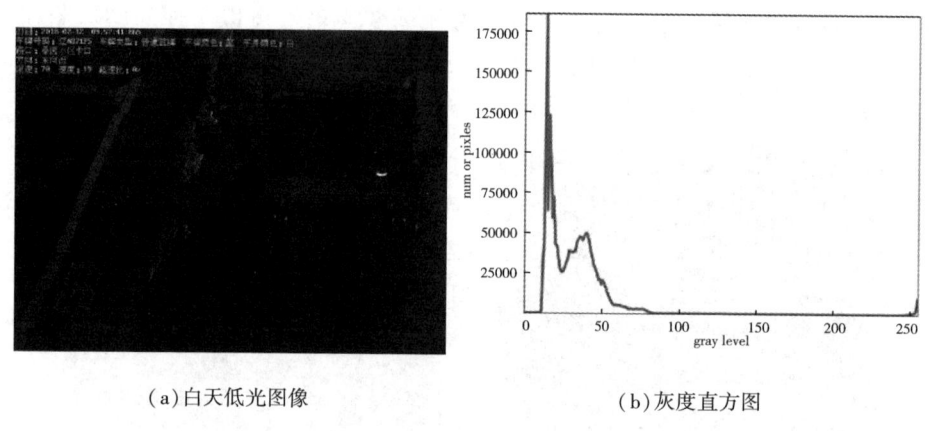

(a)白天低光图像   (b)灰度直方图

图 5-10 白天低光照图像及其直方图

图 5-11(b)到图 5-11(j)分别表示利用不同的方法对白天低光照图像进行增强,可以发现直方图均衡化算法对图像增强效果比较明显,但是整体图像泛白;在白平衡算法中,动态阈值法效果较好,而基于 Retinex 算法处理之后,图像整体被雾化。所以采用动态阈值法对原始图像进行增强,与夜晚低光照图像不同的是,白天低光照图像无须二次增强即可达到不错的效果。

第五章 低光照条件下图像自适应增强算法

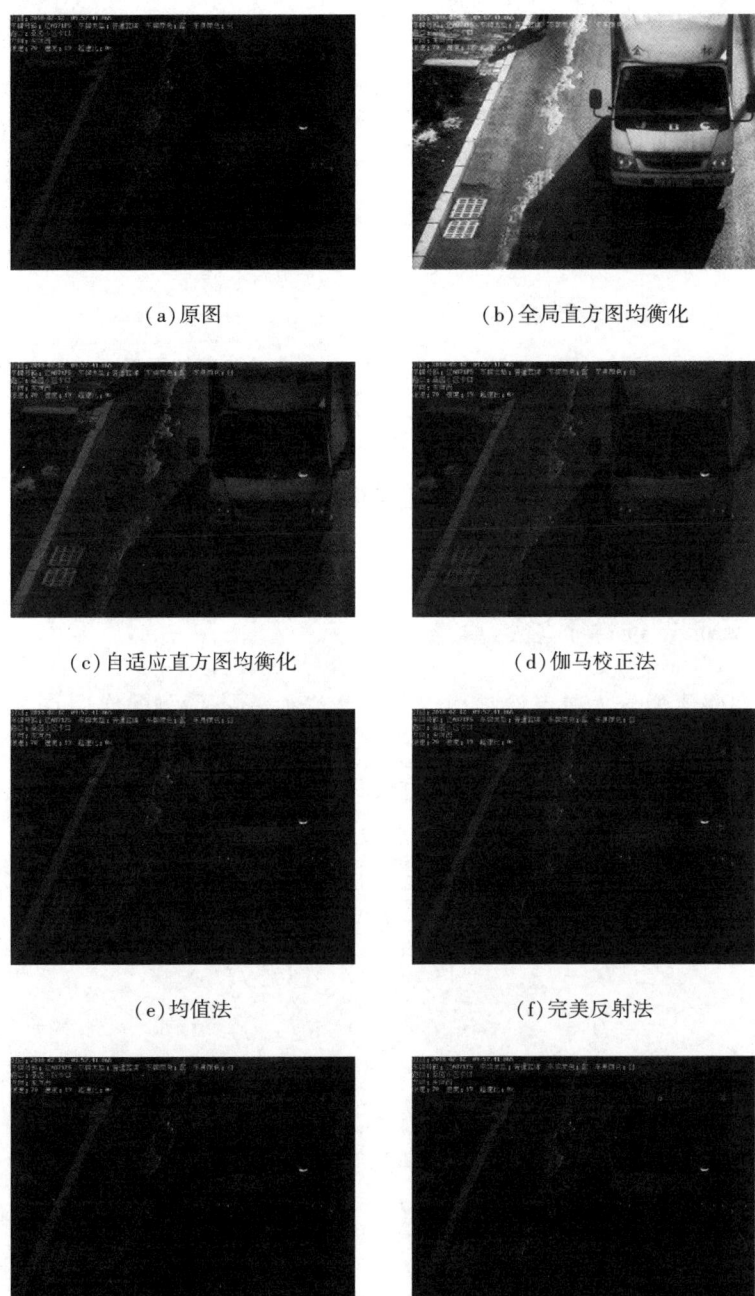

(a) 原图　　　　　　　　　　(b) 全局直方图均衡化

(c) 自适应直方图均衡化　　　　(d) 伽马校正法

(e) 均值法　　　　　　　　　　(f) 完美反射法

(g) 灰度世界假设法　　　　　　(h) 偏色检测法

 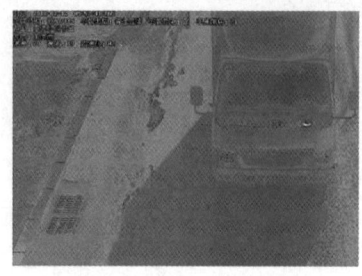

（i）动态阈值法　　　　　　　　　（j）Retinex 算法

图 5-11　白天低光照条件下增强算法处理结果图

◆ 第四节　增强算法的数学模型

一、白天低光条件下增强算法

动态阈值法分为白点检测和白点调整[74]。白点检测的作用是为了增强算法的鲁棒性，其算法流程如下。

步骤 1：将图像从 RGB 彩色空间转换成 YCBCR 空间分成 12 个区域，计算每个区域的 C_b/R_b 分量的平均值 M_b/M_r。

步骤 2：按公式(5-1)和公式(5-2)计算每个区域的 C_b/R_b 分量绝对差的累加值 D_b/D_r：

$$D_b = \sum_{i,j}(|C_b(i,j)-M_b(i,j)|)/N \qquad (5-1)$$

$$D_r = \sum_{i,j}(|C_r(i,j)-M_r(i,j)|)/N \qquad (5-2)$$

步骤 3：如果 D_b/D_r 的值偏小，则忽略，因为这表明这一块的颜色分布比较均匀，而这样的局部对于白平衡不好。

步骤 4：统计对于除了符合上一步外其他区域的 M_b/M_r 和 D_b/D_r 的平均值作为整幅图像的 M_b/M_r 和 D_b/D_r。按公式(5-3)和公式(5-4)初步确定哪些点是属于白色参考点：

$$|C_b(i,j)-[M_b+D_b\times sign(M_b)]|<1.5\times D_b \qquad (5-3)$$

$$|C_r(i,j)-[M_r+D_r\times sign(M_r)]|<1.5\times D_r \qquad (5-4)$$

步骤 5：对于初步判断已经属于白色参考点的像素，按大小取其亮度值为前 10% 的为最终确定的白色参考点。接着按照公式(5-5)到公式(5-7)

进行白点调整。式中，Y_{max} 是颜色空间中 Y 分量的最大值。首先计算白色参考点亮度值的平均值 R_{aver}，G_{aver}，B_{aver}。接着按公式(5-5)至公式(5-7)计算每个通道的增益：

$$R_{gain} = Y_{max}/R_{aver} \qquad (5-5)$$

$$G_{gain} = Y_{max}/G_{aver} \qquad (5-6)$$

$$B_{gain} = Y_{max}/B_{aver} \qquad (5-7)$$

步骤6：按照公式(5-8)到公式(5-10)计算最终每个通道的颜色值，其中 R、G、B 为在原始的颜色空间中的值。

$$R' = R \times R_{gain} \qquad (5-8)$$

$$G' = G \times G_{gain} \qquad (5-9)$$

$$B' = B \times B_{gain} \qquad (5-10)$$

白平衡动态阈值法流程图如图 5-12 所示：

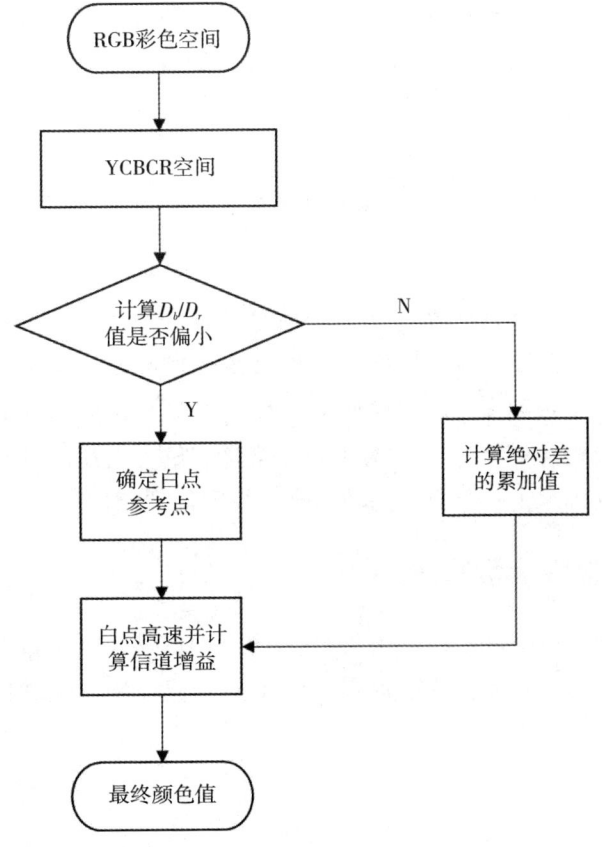

图 5-12　白平衡动态阈值法流程图

二、自适应直方图均衡化算法

直方图均衡的本质是灰度值映射,其中映射函数可以由分布曲线(累积直方图)得到,公式(5-11)中 A_0 是像素总数(图像面积), D_{max} 是最大灰度值, D_A、D_B 分别是转换前、后的灰度值,H_i 是第 i 级灰度的像素个数。

$$D_B = \frac{D_{max}}{A_0} \sum_{i=0}^{D_A} H_i \qquad (5-11)$$

自适应直方图均衡[75](Adaptive Histogram Equalization,AHE))是用来提升图像对比度的一种计算机图像处理技术。普通的直方图均衡算法对于整幅图像的像素使用相同的直方图变换,对于那些像素值分布比较均衡的图像来说,算法的效果很好。如果图像中包括明显比图像其他区域暗或亮的部分,在这些部分的对比度将得不到有效的增强。AHE 算法通过对局部区域执行响应的直方图均衡来改变上述问题。该算法的最简单形式,就是每个像素通过其周边一个矩形范围内的像素的直方图进行均衡化,即变换函数同像素周边的累积直方图函数成比例。

◆ 第五节　图像质量衡量指标

在图像增强中通常要在处理之后衡量处理的效果,除了从主观上观察外,更需要使用客观的衡量指标。因为这些客观指标在对于图像质量的评价中没有掺杂主观因素,对图像质量好坏准确更有说服力。通常衡量图像相似度与损失程度的指标有结构相似性度量、归一化互信息及感知哈希算法等。在此基础之上,介绍了一种综合加权图像评价指标。

一、结构相似性度量算法

结构相似性(structural similarity index,SSIM)是一种衡量两幅图像相似度的指标。该指标首先由得克萨斯大学奥斯丁分校的图像和视频工程实验室提出,如式(5-12)所示。

$$L(X,Y) = \frac{2u_x u_y + C_1}{u_x^2 + u_y^2 + C_1}$$

$$C(X,Y) = \frac{2\sigma_x \sigma_y + C_2}{\sigma_x^2 + \sigma_y^2 + C_2} \quad (5-12)$$

$$S(X,Y) = \frac{\sigma_{xy} + C_3}{\sigma_x \sigma_y + C_3}$$

式中 u_x 和 u_y 分别表示图像 X 和 Y 的均值；σ_x 和 σ_y 分别表示两幅图像的标准差；σ_x^2 和 σ_y^2 分别表示两幅图像的方差；σ_{xy} 表示两幅图片的协方差。C_1，C_2 和 C_3 为常数，是为了避免分母为 0，通常取 $\{C_i = (K_i \times L)^2, i=1, 2, 3\}$，一般地 $K_1 = 0.01$，$K_2 = 0.03$，$L = 255$。最后的 SSIM 数值如公式(5-13)所示，当设定 $C_3 = C_2/2$ 时，可以将公式化简，如公式(5-14)所示。

$$SSIM(X,Y) = L(X,Y) \times C(X,Y) \times S(X,Y) \quad (5-13)$$

$$SSIM(X,Y) = \frac{(2u_x u_y + C_1)(2\sigma_{xy} + C_2)}{(u_x^2 + u_y^2 + C_1)(\sigma_x^2 + \sigma_y^2 + C_2)} \quad (5-14)$$

二、归一化互信息算法

归一化互信息(Normalized Mutual Information，NMI)通常用来作为图像配准中的评判准则或是目标函数，它的值越大代表两张图片的相似性越高。它在两幅图像的灰度级数相似的情况下有良好的配准精度及较高的可靠性，但同时存在计算量大、实时性差等问题。其原理如公式(5-15)到公式(5-18)所示。

$$H(A) = -\sum_a p_A(a) \log_2 p_A(a) \quad (5-15)$$

$$H(B) = -\sum_b p_B(b) \log_2 p_B(b) \quad (5-16)$$

$$H(A,B) = -\sum_{a,b} p_{AB}(a,b) \log_2 p_{AB}(a,b) \quad (5-17)$$

$$NMI(A,B) = \frac{H(A) + H(B)}{H(A,B)} \quad (5-18)$$

式中 $H(A)$ 和 $H(B)$ 分别代表图像 A 和 B 的信息熵，$H(A,B)$ 代表两幅图像的联合信息熵，$NMI(A,B)$ 代表归一化信息熵，即为最终两幅图像的归一化互信息值。其中 $p_A(a)$ 表示图像 A 像素值为 a 概率。

三、感知哈希算法

感知哈希算法(Perceptual Hash Algorithm，PHA)通过计算两张图片之间的指纹信息来比较相似程度，该算法的特点是计算速度较快。其算法流程如下。

步骤1：将图片缩小到8×8的尺寸，总共64个像素。

步骤2：将8×8的小图片转换成灰度图像。

步骤3：计算所有64个像素的灰度平均值。

步骤4：将每个像素的灰度与平均值进行比较。大于或等于平均值记为1；小于平均值记为0。

步骤5：将4比较结果组合在一起构成了一个64位的整数，这就是这张图片的指纹(hash值)。

步骤6：计算不同指纹信息的汉明距离，如果该值为0则表示这两张图片非常相似；如果汉明距离小于5则表示有些不同，但比较相近；如果汉明距离大于10则表明完全不同。

四、综合加权评价指标

单一的图像质量评价指标往往只能从某个特定的角度衡量图像的损失程度，比如SSIM从图像的像素值角度出发；NMI从信息熵的角度出发；PHA计算出指纹信息之后从图像的汉明距离出发。为了更好地衡量图像在不同层面上的损失程度和相似度，笔者提出了一种加权综合评价的方法，其原理如公式(5-19)所示。

$$R_{loss} = \frac{1}{num} \left\{ \sum_{i=1}^{num} \left[w_1^{-1} SSIM(i) + w_2^{-1} NMI(i) + w_3^{-1} PHA(i)^{-1} \right] \right\} \quad (5-19)$$

式中，num 表示待评价样本数量，i 表示第 i 个待处理样本，$w_1 = w_2 = w_3 = 3$ 表示对三者赋予的权重。为了三者的趋势一致性，故将PHA指标进行取反操作。最终得到的结果越靠近1则图像损失越小。

第六节 实验结果与分析

在对低光照图像进行处理的时候，第一次增强没有区分白天或者夜晚，统一采取动态阈值白平衡的方法，两者差异在于二次增强的时候，夜晚低光照图像会进行自适应直方图均衡化的操作。图 5-13 和图 5-14 是对这两种图像进行增强以及结果可视化。其中图 5-13(a)表示一张病态的夜晚低光照图像，病态是指图像的对比度和亮度极低，导致肉眼只能看到车前灯光而无法分辨出车辆以及车牌。对于这类图像进行车牌车脸识别是无法完成的，但是经过文中算法进行二次增强之后，车辆前面部分在黑暗中显露了出来，虽然无法看清车牌，但进行车脸识别是毫无问题的。

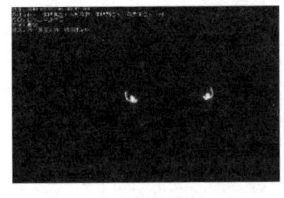 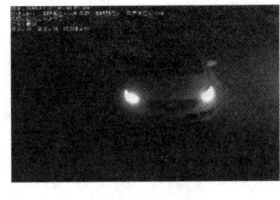 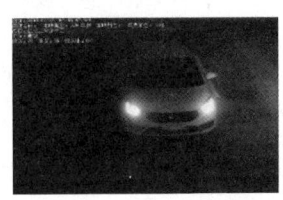

(a)原图　　　　　　　(b)一次增强　　　　　　(c)二次增强

图 5-13　夜晚低光照图像处理结果

(a)原图　　　　　　　　　　　　　(b)一次增强

图 5-14　白天低光照图像处理结果

下面以图 5-14 白天低光照图像为例，展示动态阈值白平衡算法的处理流程：首先将图像从 RGB 彩色空间转换到 YCBCR 空间之后，计算得到每个区域的分量的平均值分别为-0.023 和-1.176。然后按公式(5-1)和公式(5-2)计算每个区域的分量的绝对差的累加值分别为 2.433 和 6.976，接着按公式(5-3)和公式(5-4)初步确定哪些点是属于白色参考点并在图像中进行标记，按大小取其亮度值为前 10% 的为最终确定的白色参考点。通过公式(5-5)到公式(5-7)计算 RGB 三个通道的增益分别为 4.97，4.67 和 4.70，最后按照公式(5-8)到公式(5-10)计算最终每个通道的颜色值即可达到增强的目的。

在对白天低光照图像处理前后的图像进行直方图及像素分析中,感官方面图像整体的亮度有所调整,车牌与背景之间的对比度被增强;在直方图方面,处理之后像素的直方图被拉伸,且减弱了直方图中的峰值现象;在二维像素分布方面,增强之后的图像像素分布更加均匀。如图 5-15 所示。

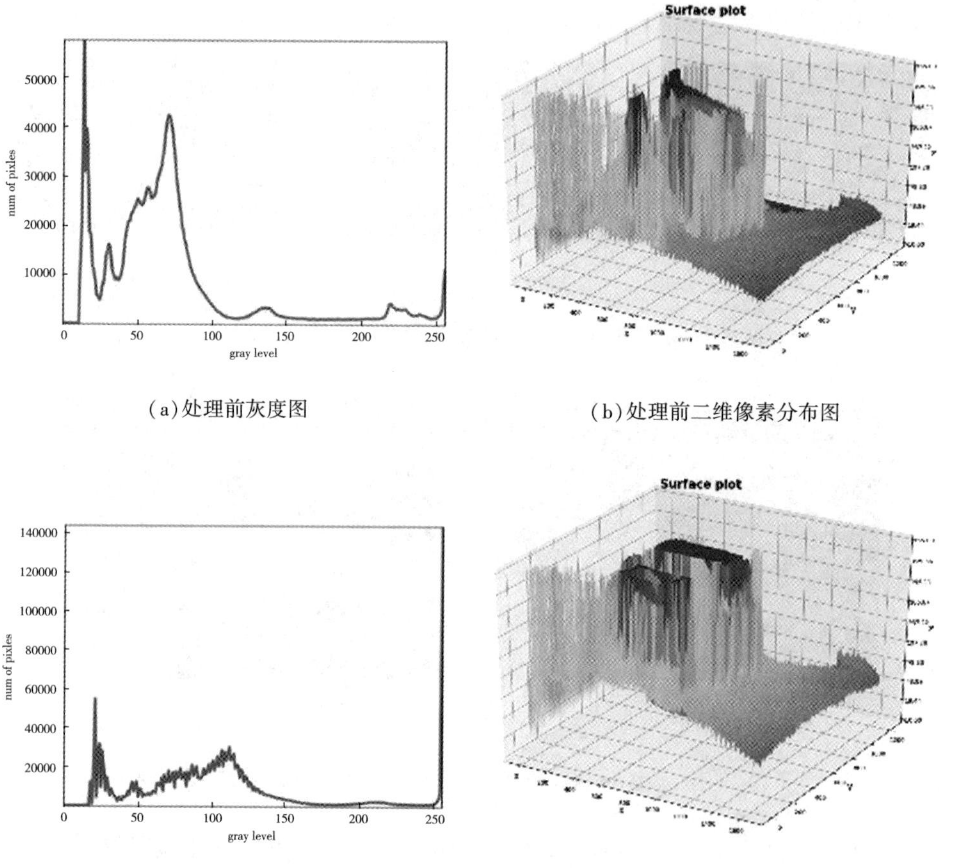

(a)处理前灰度图

(b)处理前二维像素分布图

(c)处理后灰度图

(d)处理后二维像素分布图

图 5-15 白天低光照图像处理前后灰度图以及二维像素分布图

其次对于夜晚低光照图像分析可以看出:在感官方面,隐藏在夜晚中肉眼观察不到的车辆被恢复出来,图像整体亮度有所提升;在直方图方面表现为其直方图分布增加了一定的数值;在二维像素分布方面表现为双峰面积增大，边缘像素点变得稀疏，低像素值被增大。如图 5-16 所示。

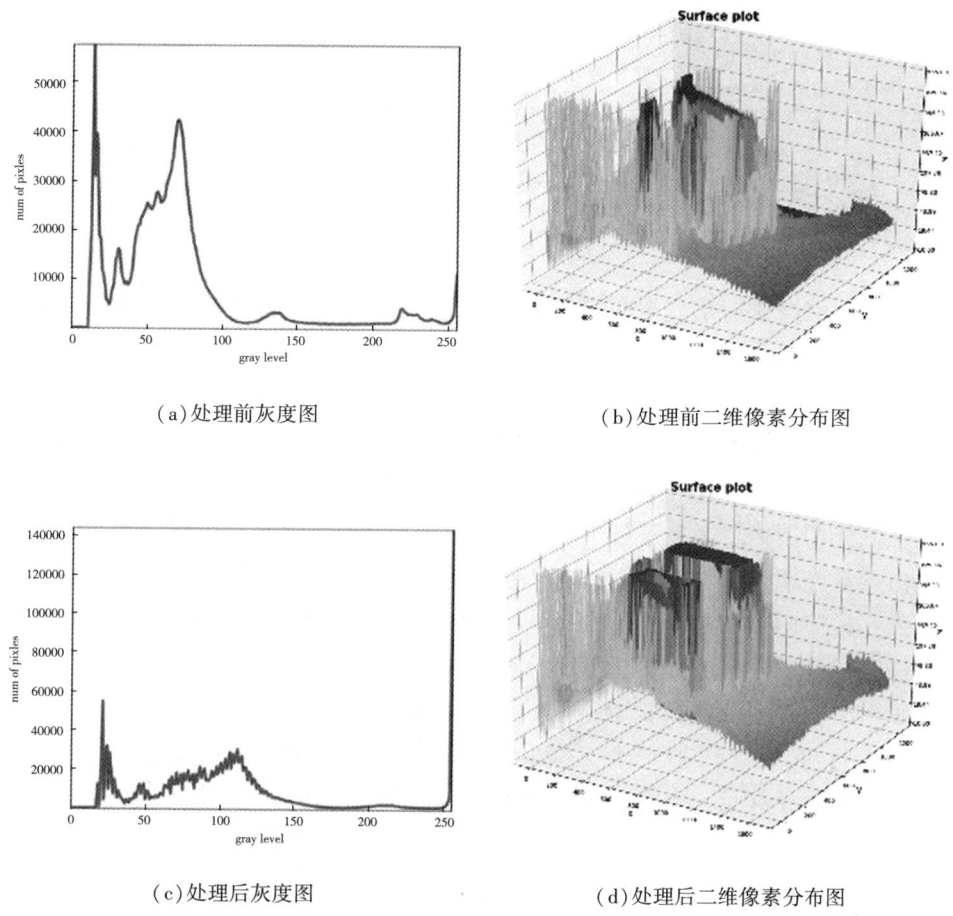

(a) 处理前灰度图　　　　　　　(b) 处理前二维像素分布图

(c) 处理后灰度图　　　　　　　(d) 处理后二维像素分布图

图 5-16　夜晚低光照图像处理前后灰度图以及二维像素分布图

最后分别对数据集中的 200 张夜晚低光照图像和 200 张白天低光照图像进行了增强处理，并利用三种不同的客观评价指标来衡量处理后图像的损失程度。其中两种图像的结构相似性指标和归一化互信息值都大于 0.85，利用感知哈希算法计算其指纹信息的汉明距离小于 2.5，这表明经过两类算法处理之后的图像较原图像的损失比较小，相似性比较高。最终经过加权综合评价指标的衡量之后发现，两者都大于 0.83，综合损失较小，符合要求。如表 5-2 所示。

表 5-2 低光照图像处理衡量指标

类型	SSIM	NMI	PHA	加权综合
夜晚低光	0.872	0.857	1.27	0.838
白天低光	0.853	0.882	1.18	0.861

◆◇ 第七节　本章小结

本章围绕交通治安卡口低光照条件下的图像增强问题，阐述了深度可分离卷积神经网络算法。考虑到图像受天气、光线等因素的影响，不同时段的图像亮度和对比度不同，将图像分为白天低光照和夜晚低光照两种类型。通过对不同的图像分类算法叙述，展示了一种低光照条件下的自适应图像增强算法。根据不同的光照类别，分别采用不同的增强策略，即针对夜晚低光照图像，提出了基于直方图、Retinex、白平衡融合的增强算法；针对白天低光照图像，则采用动态阈值法与直方图增强融合的思想进行图像增强。最终两类图像都得到了明显的改善，其中，白天低光照图像对比度和亮度增强，车牌部分更为明显；夜晚低光照图像将隐藏的车身在背景中找了出来。为了使整体像素更加均匀，本章对自适应直方图均衡方法对夜晚低光照图像进行二次增强，多个客观指标衡量说明图像损失较小。对于一些图像质量较低、肉眼无法识别的图像，经本章算法处理后，收到了很好的车脸识别效果。

第六章 基于融合孪生深度神经网络的车辆重识别算法

◆ 第一节 概述

车辆识别在计算机视觉研究领域引起了广泛的关注。在公共安全系统中,对车辆重识别(Re-identification,Re-ID)的需求日益增长。车牌作为车辆外观重要特征容易被违法分子涂改、遮挡、伪造,单独采用车牌识别的方法并不能准确、快速确认车辆身份。因此,基于视觉的车辆重识别在监控应用中具有极高的实用价值。

尽管车辆重识别的问题已经讨论了很多年,但大多数借助硬件设备实现[76-78],这些方式虽然能提高识别的准确性但是造价高、维护困难以及适用场景有限使其不利于推广。传统的车辆识别方法主要依靠LBP、Haar、HOG等方法提取特征,这些方法多从经验出发,具有很大的局限性。与经典的人脸识别问题相比,车辆重识别更具挑战性,因为同一型号的车辆具有高度相似的外观。如果不使用车牌很难分辨相同型号车辆之间的区别。尽管如此,仍有一些特殊标记可用于与其他车辆进行区分,例如车脸区域存在巨大的差异,特别是车辆前脸主要区域,即挡风玻璃处显示出的一些信息,包括粘贴标志的位置、颜色、数量、装饰物甚至车辆划痕等。随着深度学习的计算机视觉理论实现了飞速发展及重大突破,卷积神经网络训练的模型对图像缩放、平移、旋转等畸变具有不变性,而且有很强的泛化性,解决了传统图像特征的手工设计、作用局限、鲁棒性不够强的问题,目前经典的卷积神经网络模型有AlexNet[79]、ResNet[80]、MobileNet、VGGNet[81]等。

基于以上分析,本章重点阐述基于回归的YOLOv3深度学习算法进行目标检测，使用孪生神经网络建立目标区域的差异特征判别模型，介绍了一种基于 YOLOv3 融合孪生深度神经网络（YOLOv3 Fusion Siamese Deep Neural Network，YSFDNN）的方法。该方法主要优势在于：为车辆重识别而设计的端到端框架，构建了改进的目标检测算法 YOLOv3 及孪生网络，实现对车脸特定区域细粒度差异的特征快速检测，进而解决车辆的重识别问题。

◆ 第二节　算法分析

通常车辆重新识别任务的典型方案是：首先，从监视摄像机的图像中找到感兴趣的区域；其次，为每个图像的感兴趣区域生成表示，并且可能需要对图像进行一些预处理；最后，用合适的方法匹配表示，以判断哪两个图像表示来自同一车辆对象。

目标识别研究工作大多数针对人或人脸。通常给定一个图像并且有多个候选图像作为图库，需要确定同一对象。尽管车辆重识别研究之前不多，但在实际应用中与人脸识别同等重要。针对车辆最相关的问题包括车型分类[82]和车型验证[83]。但是所有这些方法只能达到车型级别，而不能识别两辆车是否完全相同。

直接研究车辆识别研究的文章相对较少。文献[84]利用人的身份识别方法来完成车辆任务，并取得了良好的效果。文献[85]讨论了在弱光条件下，利用深度可分离的神经网络确保分类的准确性问题。文献[86]使用深度卷积神经网络为每个建议区域提取特征描述符，最后用线性支持向量机对建议区域进行评分和分类，针对不同车型取得了不错的效果。文献[87]在高度成熟的人脸识别领域中，提出了一种基于孪生卷积神经网络的人脸验证方法。

本章将针对车辆区域，特别是挡风玻璃区域粘贴标记或摆放物品等信息特征，分析车脸图像的类间和类内差异，将这些差异作为更细粒度的特征，以解决车辆的重新识别问题。

◆◇ 第三节　YFSDNN 车辆重识别

一、改进的 YOLOv3 车辆目标检测算法

YOLO(You Only Look Once)算法最初是由 REDMON 等[88]在 2016 年提出的一种基于回归的目标识别方法,也是基于深度神经网络的对象识别和定位算法,其最大的特点是运行速度很快,可以用于实时系统。2018 年发布了 YOLOv3,YOLOv3 是速度与精度最均衡的目标检测网络,它在 YOLOv2 的基础上进行一些适应性的改进,包括多尺度识别、多标签分类等,并使用基于 ResNet 网络改进的 DarkNet-53 网络作为特征提取器,使 YOLO 系列方法不擅长识别小物体的缺陷得到了改善。YOLOv3 依旧保持 YOLOv2 的快速检测的优点,并且检测准确率也得到很大的提高。

由于车辆检测对检测的准确率和实时性都有较高要求,虽然大多数车辆检测方式能够保证检测准确率,但是车辆检测速度远远达不到要求。因为 YOLOv3 算法具有较快的检测速度和高准确率,所以使用 YOLOv3 算法能实现车辆检测功能。

训练 YOLOv3 网络模型时,批归一化(Batch Normalization,BN)层能够加速网络收敛,有效地控制过拟合,一般放在卷积层之后。BN 层将数据归一化后,能够有效解决梯度消失与梯度爆炸问题。虽然 BN 层在网络训练时起到了积极作用,但在网络前向推理时增加了运算,从而影响了模型的性能,并且占用了相对多的内存或者是显存空间。因此,需要将 BN 层的参数合并到卷积层,来提升模型前向推理的速度。将 BN 层插入到卷积层和全连接层之后,非线性处理之前的位置,即:卷积层—BN 层—ReLU 层。合并前卷积层的计算公式及 BN 层计算公式如公式(6-1)和公式(6-2)所示。

$$out(j) = x(i) \times w(0) + x(i+1) \times w(1) + x(i+2) \times w(2) + \cdots + x(i+k) \times w(k) + b \quad (6-1)$$

$$x_{out} = \frac{\alpha \left(\sum_{i=0}^{n} x_i w_i - \mu \right)}{\sqrt{\delta^2 + \varepsilon}} + \beta \quad (6-2)$$

式中,x_i 为图像数据,w_i 为权重,α 为缩放因子,μ 为均值,δ^2 为方差,β 为

偏置，ε 为极小值(为了防止分母为零)。其中卷积计算公式如公式(6-3)所示。

$$x_{conv} = \sum_{i=0}^{n}(x_i w_i) \tag{6-3}$$

为了取消 BN 层，需要将公式(6-2)进行调整。调整后见公式(6-4)。

$$x_{out} = \sum_{i=1}^{n}\left(x_i \frac{\alpha w_i}{\sqrt{\delta^2+\varepsilon}}\right) - \frac{\alpha\mu}{\sqrt{\delta^2+\varepsilon}} + \beta \tag{6-4}$$

公式(6-5)为调整后新的权重参数：

$$w_i' = x_i \frac{\alpha w_i}{\sqrt{\delta^2+\varepsilon}} \tag{6-5}$$

公式(6-6)为调整后新的偏置：

$$\beta' = \beta - \frac{\alpha\mu}{\sqrt{\delta^2+\varepsilon}} \tag{6-6}$$

调整后公式如公式(6-7)所示：

$$x_{out} = \sum_{i=0}^{n} x_i w_i' + \beta' \tag{6-7}$$

经过上述调整后就取消了 BN 层，但是需要使用新的权重参数和偏置。

最后，实验结果证明，使用优化后 YOLOv3 算法，车辆检测准确率为 93.4%，因此满足准确度和计算速度的要求。对比 Faster-RCNN 算法对车辆进行检测，检测准确率虽然达到 91.8%，但是用时是 YOLOv3 的 5 倍，不能满足实时性的要求。

二、改进的孪生网络车辆重识别算法

识别特定的车辆和人员非常重要，尽管他们之间可能存在很小的区别。从理论上讲，任何两个人的外观不可能完全相同，但是对于两辆汽车来讲，如果它们颜色及车型相同，区分难度就比较大。在提取车辆挡风玻璃区域的基础上，利用车辆中挡风玻璃窗口区域的车辆内饰以及年检标志等作为不同车辆的标识，完成针对同一车型的车辆身份识别。该车辆身份识别的方法参考了人脸识别中利用不同五官的几何形状纹理特征以及整体人脸上的位置排布和高层特征对不同个体的识别。

通过大量的观察归纳，粘贴标记具有以下特征：位置相对固定、有限的颜色类型、相似的面积等。因此，粘贴标志的数量、内容、排列和分布成为

关注的重点,如图 6-1 所示:

 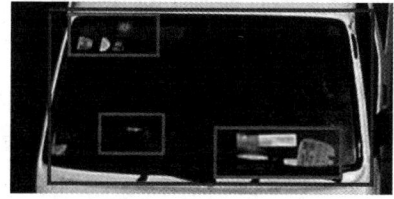

(a) 车辆图像　　　　　　　　(b) 粘贴标志物图像

图 6-1　车辆及粘贴标志物图像

本章介绍了一个改进的孪生网络来完成车辆重识别任务。孪生网络最早应用于生成脸部特征向量用于人脸识别,孪生网络的主要思想是学习一个将输入模式映射到潜在空间的函数,其中相似性度量标准对于同一对象距离小,而对于不同对象距离大。因此,它非常适合车辆重识别任务。

为了判断不同图像的两辆汽车是不是同一辆车,将前述经过 YOLOv3 处理后的图像分别输入到 2 个分支中,每个分支都提取汽车的特征。网络的结构如图 6-2 所示。

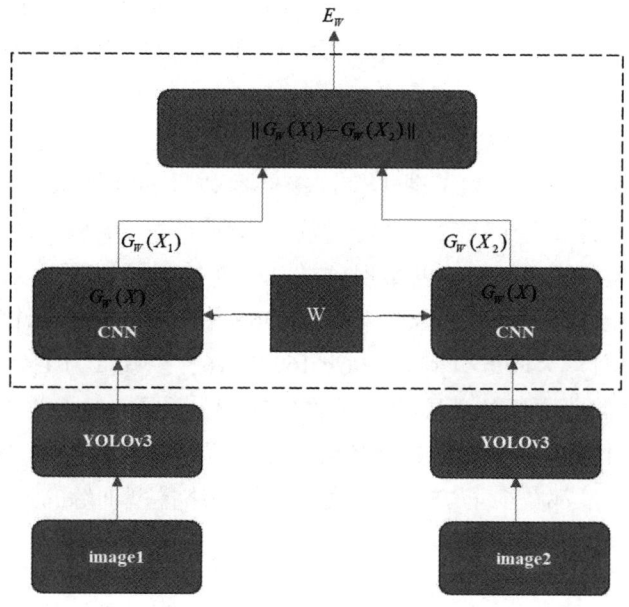

图 6-2　YFSDNN 网络结构

在训练期间,将一对图像输入两个 CNN 网络,前向传播后,CNN 网络的输出合并到对比损失层中,通过损失函数计算模型的损失。然后通过具有对比损失的反向传播,同时优化两个 CNN 网络的共享权重。给定一对汽车图像,将数据映射到潜在度量空间中,进而测量两张图像之间的相似性。

具体来说,W 是孪生网络的共享权重,给定一对汽车图像 image1 和 image2,将数据映射到潜在的度量空间称为 $G_W(X_1)$ 和 $G_W(X_2)$,能量函数 $E_W(X_1, X_2)$ 衡量了 image1 和 image2 的相似性,如公式(6-8)所示。

$$E_W(X_1, X_2) = \| G_W(X_1) - G_W(X_2) \| \quad (6-8)$$

利用能量函数可以将对比度损失表示为公式(6-9):

$$L[W, (X_1, X_2, y)] = (1-y) \cdot \max[m - E_W(X_1, X_2), 0] + y \cdot E_W(X_1, X_2) \quad (6-9)$$

式中 (X_1, X_2, y) 是一对带有标签 y 的样本,m 是正样本边距,在测试环节中,使用欧几里得方法计算成对图像的相似性。

VGGNet 是卷积神经网络模型 AlexNet 的扩展,该网络模型具有以下三个特点:第一,小卷积核。由于车辆需要检测部件的图像尺寸较小,因此使用较小的卷积核可以降低参数量,同时保留更多的底层特征,本章将卷积核全部替换为 3×3;第二,小池化核。将池化层替换为 2×2,以此减小输出的大小,降低过拟合;第三,层数更深,特征图更宽,就能够提取出更多关注局部的特征。

介绍的算法是在 VGGNet-16 网络模型的基础上进行改进,改进后的网络结构如表 6-1 所示。为了减少全连接层参数量和计算量,将 VGGNet-16 网络模型中最后 2 个全连接层神经元数量 4096 改为 2048,两层的全连接能够更好地解决非线性问题,以实现分类。全连接层可以视为一种特殊的卷积层,上层为 1×1×4096,下层为 1×1×4096,使用 1×1 的卷积核进行卷积操作,计算量为 1×1×4096×1×1×4096 = 16777216,参数量为 1×1×4096×4096 = 16777216;修改之后的上层神经元数为 2048,下层神经元数为 2048,计算量为 1×1×2048×1×1×2048 = 4194304,参数量为 1×1×2048×2048 = 4194304,计算量和参数量都减少了 75%,加快了神经网络模型训练的速度。

表 6-1　改进 VGGNet-16 的网络结构表

名称	类型	大小	数量
Conv_1	卷积层	3×3	64
Conv_2	卷积层	3×3	64
Pool_1	池化层	2×2	
Conv_3	卷积层	3×3	128
Conv_4	卷积层	3×3	128
Pool_2	池化层	2×2	
Conv_5	卷积层	3×3	256
Conv_6	卷积层	3×3	256
Conv_7	卷积层	3×3	256
Pool_3	池化层	2×2	
Conv_8	卷积层	3×3	512
Conv_9	卷积层	3×3	512
Conv_10	卷积层	3×3	512
Pool_4	池化层	2×2	
Conv_11	卷积层	3×3	512
Conv_12	卷积层	3×3	512
Conv_13	卷积层	3×3	512
Pool_5	池化层	2×2	
FC_1	全连接层	2048	
FC_2	全连接层	2048	

第四节　实验结果与分析

实验硬件环境为图像处理服务器，其中 CPU 为 2 * Intel Xeon Platinum 8164 2.0G，内存为 16 * 32GB，GPU 为 2 * Nvidia Tesla V100-32GB，系统盘为 1.92T SSD 企业级固态硬盘；图像服务器安装 Ubuntu16.04-64bit 版本的操作系统，深度学习框架为 Pytorch。实验数据集中，共有 4316 对有效车脸图像同属一台车，本实验按照训练集、测试集、验证集三者比例为 8：1：1 分配。

在车辆重识别的任务中先使用 YOLOv3 检测的车辆区域图像，输入孪生网络的深度卷积网络提取归一化特征，然后通过其欧氏距离直接测量两个车辆图像的差异。采用曲线下面积(Area Under Curve,AUC)指标和准确率指标评价模型的性能及分类结果的好坏,如公式(6-10)所示:

$$AUC = P(P_{positive} > P_{negative}) \qquad (6\text{-}10)$$

最终数据集的 AUC 为 0.9692,准确率为 0.9624,样例结果如图 6-3 所示:

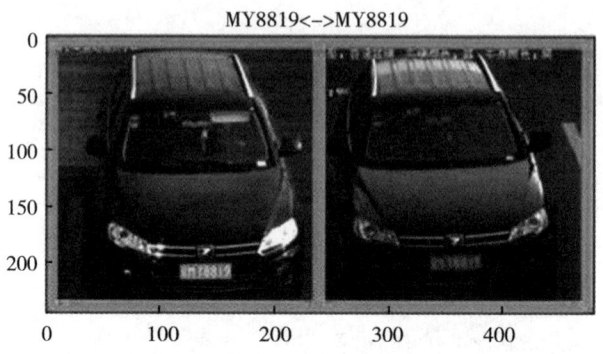

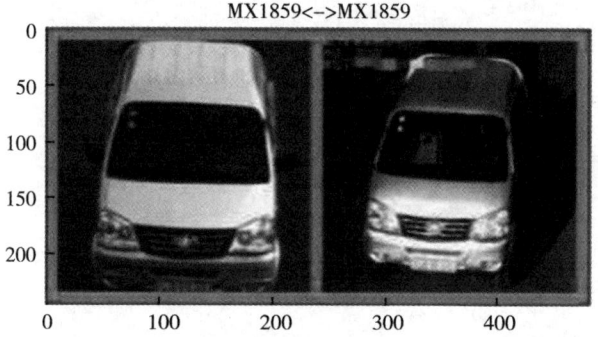

图 6-3 车辆重识别结果图

而后，同样使用该数据集，选取了文献[86]中的识别算法进行比较，该算法首先为每个视频帧生成与类无关的区域建议，然后使用深度卷积神经网络为每个建议的区域提取特征描述符，最后，该系统在特征描述子集上使用线性支持向量机模板对提出的区域进行分类。实验对比结果如表6-2所示。

表6-2 不同算法的识别结果比较

Algorithm	AUC	Accuracy
文献[86]	91.35%	92.17%
Ours	96.92%	96.24%

第五节 本章小结

在本章中，介绍了对车脸特定区域的目标检测方法，分析了孪生网络模型，采用输入模式映射到潜在空间函数，阐述了YFSDNN方法，以解决车辆重识别问题。改进的YOLOv3算法对车辆图像的车脸挡风玻璃处的区域进行目标检测，使得目标区域具有更细的粒度进行对比区分。另外，孪生神经网络采用改进的两分支VGGNet-16网络算法，将车辆挡风玻璃区域的差异等特征输出映射到欧几里得距离，以此判断两张不同图像是否属于同一辆汽车。实验结果表明，该方法具有较高的准确率和AUC值，由于参数量的大幅下降，提高了检测及识别速度，可以很好地满足车辆重识别的实时性需要。

第七章 基于加权稀疏非负矩阵分解的车脸识别算法

◆ 第一节 概述

传统判断机动车是否存在套牌的行为都是利用人工检测的,随着机动车数量的增加与交通治安卡口监控视频数据量的增大,人工检测由于效率低已不能满足要求,因此,设计一种智能的识别与检测方法具有重要的意义。

近年来,一些学者围绕车辆识别问题主要从以下两个方面展开研究[89],其中包括传统的单一图像特征提取与识别研究,如颜色特征、形状特征、三维特征等,也包括基于深度学习的方法实现对车辆的识别[37, 38, 90, 91],均取得了一定的识别效果。然而,一些采集图像中车身信息缺失较大,仅仅车脸信息保留完整,且图像极易受光照因素影响,大多已有算法并未深入讨论,本章将针对该问题展开叙述。由于车脸区域相对车牌位置较为固定,如何通过降维方法寻找到一组有效的基图像,将成为是否能够准确识别车辆的关键。目前,在目标识别中常见的降维算法主要包括主成分分析[92]、线性判别分析[93]、独立成分分析[94]、局部保留投影[95]等。

采用以上算法降维后,矩阵或向量中的元素可能为负数,虽然不影响数学计算,但对于分解后基图像的像素来说,负数因缺乏物理意义很难被解释。因此,这里阐述了一种抗光照的映射函数,并针对映射矩阵提出了一种基于加权稀疏非负矩阵分解(Weighted and Sparse Nonnegative Matrix Factorization,WSNMF)的车辆识别算法。实验结果表明,该算法可以获得较好的车辆识别效果,对正常车辆与套牌车辆做出了有效判断。

第二节 监控视频采集图像预处理

本系统由安装于不同的交通治安卡口处的监控摄像机,对每一辆通过的机动车进行拍照,从而获取车脸图像,如图 7-1 所示。

(a)摄像机 1

(b)摄像机 2

(c)摄像机 3

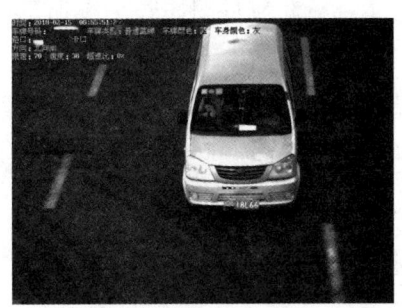

(d)摄像机 4

图 7-1　不同交通治安卡口摄像机采集图像

由图 7-1 可以看到,在不同时刻采集的图像中,车的位置与完整程度存在一定差异,因此,需要对车脸的感兴趣区域(Region of Interest,ROI)进行分割与归一化处理。

这里,首先对图像中车牌区域进行校正、分割与识别[96],如图 7-2(a)所示。然后,以车牌为基准进行车脸感兴趣区域分割,假定图像校正后车牌左上角与右下角坐标分别为(x_1^P, y_1^P)与(x_2^P, y_2^P),那么 ROI 左上角坐标(x_1^R, y_1^R)与右下角坐标(x_2^R, y_2^R)计算如公式(7-1)、公式(7-2)所示,ROI 分割结果如图 7-2(b)所示。

$$(x_1^R, y_1^R) = (x_1^P - s(x_2^P - x_1^P), y_1^P - c_1(y_2^P - y_1^P)) \tag{7-1}$$

$$(x_2^R, y_2^R) = (x_2^P + s(x_2^P - x_1^P), y_2^P + c_2(y_2^P - y_1^P)) \tag{7-2}$$

式中，s，c_1，c_2 为比例系数。进而，可得到分割后图像大小为 $R \times C$，其中，$nR = x_2^R - x_1^R + 1$，$nC = y_2^R - y_1^R + 1$。

(a) 车牌分割与识别结果

(b) 车辆 ROI 分割结果

图 7-2　图像预处理

本章算法流程图如图 7-3 所示。

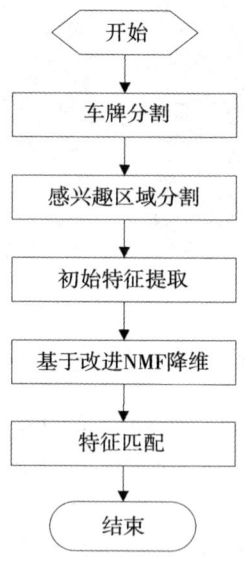

图 7-3　算法流程图

◆ 第三节　多光强条件下初始特征自适应提取

经过分析,车脸图像的特征主要体现在车身颜色与轮廓上,但由于不同时段光照存在差异,同一车辆在图像中体现出一定的颜色偏差,如图7-4所示。

（a）黄色白天

（b）黄色黑夜

图 7-4　不同光强下的车身颜色变化

在这种情况下,颜色特征的有效性将会降低,从而更依赖于图像的轮廓特征,因此,车辆图像的初始特征将随着不同时段光照变化而进行自适应调整。这里,第 i 幅车辆图像初始特征 F_i 如公式(7-3)所示。

$$F_i = \{\lambda(t)(F_i^{(c)})^T, [1-\lambda(t)](F_i^{(a)})^T\}^T \tag{7-3}$$

式中,$F_i^{(c)}$ 为图像颜色特征向量,由图像像素值按列叠加获得,如公式(7-4)所示。

$$F_i^{(c)} = [f(1,1,1)\,f(1,2,1)\cdots f(R,C,3)]^T \tag{7-4}$$

而 $F_i^{(a)}$ 为图像轮廓特征向量,由灰度化后图像像素梯度幅值按列叠加获得,如公式(7-5)所示。

$$F_i^{(a)} = [F_i^{(a)}(1,1) \cdots F_i^{(a)}(R,C)]^T \tag{7-5}$$

像素梯度幅值计算如公式(7-6)所示。

$$F_i^{(a)}(x,y) = [\nabla F_{ix}^2(x,y) + \nabla F_{iy}^2(x,y)]^{\frac{1}{2}} \tag{7-6}$$

式中,

$$\nabla F_{ix}^{\alpha}(x,y) = f(x+1,y) - f(x-1,y)$$

$$\nabla F_{iy}^{\alpha}(x,y) = f(x,y+1) - f(x,y-1)$$

而 $\lambda(t)$ 为 t 时刻的两种特征的权重系数，其变化符合正态分布，如公式(7-7)所示。

$$\lambda(t) = \eta e^{-\frac{(x-u)^2}{2\sigma^2}} \tag{7-7}$$

式中，η 为颜色特征最大比例系数。

综上，可获得车辆图像的初始特征向量 F_i。

◆ 第四节 基于 WSNMF 的识别模型

1999 年，Lee 提出了基于 NMF 的数据降维方法[97]。对于图像分解来说，NMF 在实现降维的同时，还能够保持合理的物理含义，因此，这里对 NMF 进行了改进，阐述了一种基于 WSNMF 的识别模型。

首先，对所有训练样本进行初始特征提取，从而形成训练样本初始特征矩阵 F，其 NMF 分解如公式(7-8)所示：

$$F_{n \times m} \approx U_{n \times r} V_{r \times m} \\ \text{s.t.} \quad u_{ij}, v_{jk} \geq 0 \tag{7-8}$$

式中，u 与 v 分别为矩阵 U 与 V 中的元素。

对于识别问题，仅仅对分解后矩阵进行非负性约束是不够的，还需要加上其他约束以保证模型更有利于识别。

(1) 稀疏性。稀疏表示的目的就是在所有基图像中选用尽可能少的基图像来表示信号，进而可以获得更为简洁的表示方式[98]。因此，需对分解后的系数矩阵 V 加以稀疏性约束，即 $\min \|V\|_0$；由于求解 $\min \|V\|_0$ 是一个 NP 难问题，根据压缩感知理论，可将其等价于求解 $\min \|V\|_1$；为进一步在分解时方便求导，又可将其近似为求解 $\min \|V\|_2$。综上，对分解系数矩阵 V 加以稀疏约束后，目标函数可改进为：

$$U_f, V_f = \underset{U, V}{\operatorname{argmin}} \left\{ \frac{1}{2} \|F - UV\|_2 + \frac{\alpha}{2} \|V\|_2 \right\} \tag{7-9}$$

式中，α 为平衡因子。

(2) 特征加权与聚类约束。在车脸图像中，不同区域特征的有效性是存在差异的，例如，车标区域能够反映车的重要特征，可以看到，车脸图像不同位置的特征对识别的影响力是不一致的，因此，在建立识别模型时需对初始特征矩阵不同位置进行加权处理 WF，这里

第七章　基于加权稀疏非负矩阵分解的车脸识别算法

$$W = \begin{bmatrix} w_1 & & & \\ & w_2 & & \\ & & \ddots & \\ & & & w_n \end{bmatrix}$$

w 为权重系数，服从高斯分布，如公式(7-10)所示：

$$w(x, y) = e^{-[(x-u)^2+(y-v)^2/2\sigma^2]} \quad (7-10)$$

除对不同位置特征进行加权处理外，还需保证分解后新特征间满足较好的聚类特性，即类间差异尽可能大。因此，目标函数可进一步改进，如公式(7-11)、公式(7-12)和公式(7-13)所示。

$$U_f, V_f = \underset{U,V}{\mathrm{argmin}} J(U, V) \\ = \underset{U,V}{\mathrm{argmin}} \left\{ \frac{1}{2} \|WF - UV\|_2 + \frac{\alpha}{2} \|V\|_2 - \frac{\beta}{2} \|V - \overline{V}\|_2 \right\} \quad (7-11)$$

$$\overline{V} = VH \quad (7-12)$$

$$H = \begin{bmatrix} 1/N & 1/N & \cdots & 1/N \\ 1/N & 1/N & \cdots & 1/N \\ \vdots & \vdots & & \vdots \\ 1/N & 1/N & \cdots & 1/N \end{bmatrix}_{m \times m} \quad (7-13)$$

式中，β 为平衡因子。

◆ 第五节　基于梯度下降的模型求解

根据矩阵中迹的性质，目标函数可等价变换为：

$$J(U, V) = \frac{1}{2} \mathrm{tr}[F^T W^T WF - 2WFV^T U^T + \\ UVV^T U^T + \alpha V^T V - \beta(V^T V - 2H^T V^T V + H^T V^T VH)] \quad (7-14)$$

而后，对 U 与 V 求偏导可得：

$$\frac{\partial J(U, V)}{\partial U} = -WFV^T + UVV^T \quad (7-15)$$

$$\frac{\partial J(U, V)}{\partial V} = -U^T WF + U^T UV + \alpha V - \beta V + 2\beta VH^T + \beta VHH^T \quad (7-16)$$

确定目标函数对于 U 与 V 的偏导之后，需给定初始值 $U(0)$ 与 $V(0)$，并对其进行不断优化迭代，从而获得最优解，迭代规则如公式(7-17)、公式(7-18)所示：

$$u_{ij}^{(t+1)} \leftarrow \frac{u_{ij}^{(t)}(\boldsymbol{WFV}^{(t)\mathrm{T}})_{ij}}{(\boldsymbol{U}^{(t)}\boldsymbol{V}^{(t)}\boldsymbol{V}^{(t)\mathrm{T}})_{ij}} \quad (7-17)$$

$$v_{ij}^{(t+1)} \leftarrow \frac{v_{ij}^{(t)}(\boldsymbol{U}^{(t)\mathrm{T}}\boldsymbol{WF}+\beta\boldsymbol{V}^{(t)})_{ij}}{[(\boldsymbol{U}^{(t)\mathrm{T}}\boldsymbol{U}^{(t)}+\alpha\boldsymbol{I})\boldsymbol{V}^{(t)}+\beta\boldsymbol{V}^{(t)}(2\boldsymbol{I}+\boldsymbol{H})\boldsymbol{H}^{\mathrm{T}}]_{ij}} \quad (7-18)$$

通过构造辅助函数，可以证明该迭代规则的收敛性。这里，改进非负矩阵分解流程如下：

(1) 输入量：初始特征矩阵 $\boldsymbol{F}$，权重系数 α 与 β。

步骤1：随机产生为 0~1 之间的初始矩阵 $\boldsymbol{U}^{(0)}$ 与 $\boldsymbol{V}^{(0)}$，设置最大迭代次数 N，迭代最大误差阈值 e，$t=0$。

步骤2：$t=t+1$。

步骤3：求解 $J(\boldsymbol{U}^{(t)}, \boldsymbol{V}^{(t)})$。

如果 $J(\boldsymbol{U}^{(t)}, \boldsymbol{V}^{(t)})<e$ 或 $t>N$，则进入步骤5；否则进入步骤4。

步骤4：对 $\boldsymbol{U}$ 与 $\boldsymbol{V}$ 中所有元素按以下规则进行迭代：

$$u_{ij}^{(t+1)} \leftarrow \frac{u_{ij}^{(t)}(\boldsymbol{WFV}^{(t)\mathrm{T}})_{ij}}{(\boldsymbol{U}^{(t)}\boldsymbol{V}^{(t)}\boldsymbol{V}^{(t)\mathrm{T}})_{ij}}$$

$$v_{ij}^{(t+1)} \leftarrow \frac{v_{ij}^{(t)}(\boldsymbol{U}^{(t)\mathrm{T}}\boldsymbol{WF}+\beta\boldsymbol{V}^{(t)})_{ij}}{[(\boldsymbol{U}^{(t)\mathrm{T}}\boldsymbol{U}^{(t)}+\alpha\boldsymbol{I})\boldsymbol{V}^{(t)}+\beta\boldsymbol{V}^{(t)}(2\boldsymbol{I}+\boldsymbol{H})\boldsymbol{H}^{\mathrm{T}}]_{ij}}$$

迭代后进入步骤2。

步骤5：迭代结束，得到最优解 $\boldsymbol{U}_f$ 与 $\boldsymbol{V}_f$。

(2) 系统完整识别过程如下：

输入量：测试车脸图像。

步骤1：获取测试车脸图像的初始特征向量 $\hat{\boldsymbol{F}}_i$。

步骤2：计算其分解系数向量 $\boldsymbol{V}_i=(\boldsymbol{U}^\mathrm{T}\boldsymbol{U})^{-1}\boldsymbol{U}^\mathrm{T}\boldsymbol{W}\hat{\boldsymbol{F}}_i$。

步骤3：在数据库中寻找相同车牌号的车脸图像分解系数向量 $\boldsymbol{V}'$。

步骤4：计算 $\boldsymbol{V}_i$ 与 $\boldsymbol{V}'$ 的余弦距离，并与阈值 ξ 相比较，判断车辆是否合法：

若 $\dfrac{\langle \boldsymbol{V}', \boldsymbol{V}_i \rangle}{\|\boldsymbol{V}'\| \cdot \|\boldsymbol{V}_i\|} > \xi$，车辆合法；否则：套牌车辆。

第六节 实验结果与分析

一、实验数据集

本实验的数据集部分样本如图 7-5 所示。

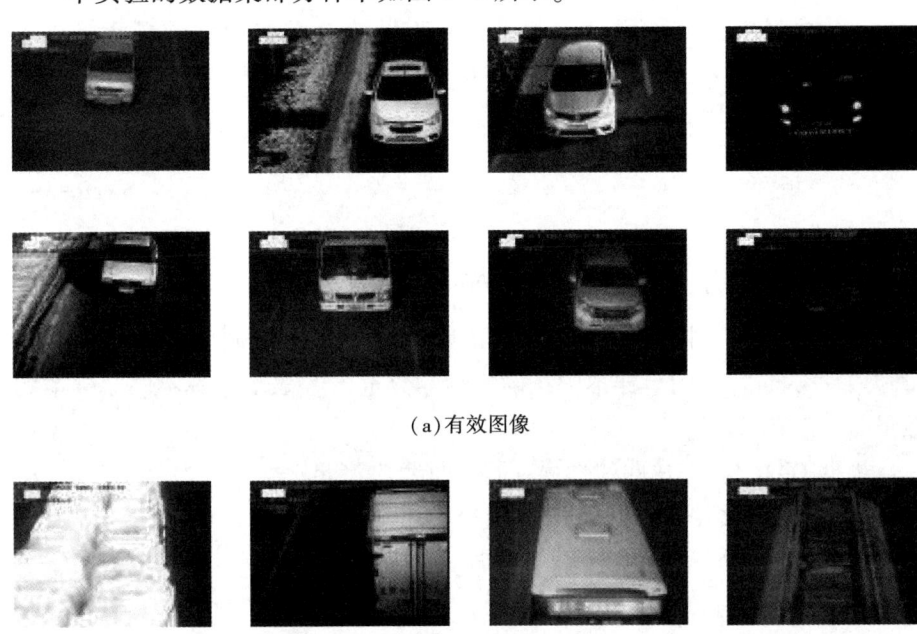

(a) 有效图像

(b) 无效图像

图 7-5 数据集中部分样本

实验中,由于数据集中仅有近 450 辆车重复出现,因此这里选取 400 对非套牌车(车牌相同,车也相同)的图像作为正测试样本。此外,由于样本库中套牌车辆(车牌相同,车不相同)较少,需人为对部分车辆图像中的车牌进行了修改,模拟套牌车辆,这里选取了 50 对车辆图像进行了修改,作为负测试样本。

二、模型参数的确定

确定有效样本图像后,需对算法的参数进行设置:在 ROI 提取过程中,公式(7-1)与公式(7-2)设 $s=1.5$，$c_1=6$，$c_2=2$，ROI 尺寸标准化至 80×60 像素；公式(7-7)获取特征权重系数公式中，$\eta=0.9$，$u=12$，$\sigma=3$；公式(7-10)获取位置权重系数公式中，$\sigma=20$；构造 NMF 模型时，随机选取 3000 幅不同车牌的图像作为训练样本；而分解后系数向量维度 r，平衡因子 α 与 β，阈值 ξ 将由实验获得。

车辆图像初始特征维度为 n，经过分解后的系数向量维度为 r，分别令降维前后特征维度比 $r/n\in\{0.3, 0.4, \cdots, 0.7\}$，平衡因子 $\alpha, \beta\in\{10, 1, 0.1\}$，从而分析在哪种组合参数下，可获得测试样本最优的真实接受率 (Genuine Accept Rate, GAR)与真实拒绝率(Genuine Reject Rate, GRR)曲线。这里，GAR 与 GRR 可由公式(7-19)与公式(7-20)获得。

$$GAR = \frac{N_T}{N_s} \tag{7-19}$$

$$GRR = \frac{N_F}{N_d} \tag{7-20}$$

式中，N_T 表示同牌同车样本中正确识别数量，N_s 表示同牌同车样本的数量；N_F 表示同牌不同车样本中正确拒绝的数量，N_d 表示同牌不同车样本的数量。

根据 GAR 与 GRR 曲线性质，最优曲线应满足公式(7-21)与公式(7-22)，而最优参数 α 与 β 由公式(7-23)获得。

$$C_{GAR\text{-}Best} = \underset{C_{GAR}}{\operatorname{argmax}} \sum_{\xi=0}^{1} GAR(\xi) \tag{7-21}$$

$$C_{GRR\text{-}Best} = \underset{C_{GRR}}{\operatorname{argmin}} \sum_{\xi=0}^{1} GRR(\xi) \tag{7-22}$$

$$\hat{\alpha}, \hat{\beta} = \underset{\alpha,\beta}{\operatorname{argmax}} G(\alpha, \beta)$$
$$= \underset{\alpha,\beta}{\operatorname{argmax}} \left(\frac{N_s}{N_s+N_d} \sum_{\xi=0}^{1} GAR(\xi, \alpha, \beta) - \frac{N_d}{N_s+N_d} \sum_{\xi=0}^{1} GRR(\xi, \alpha, \beta) \right)$$
$$\tag{7-23}$$

式中，C_{GAR} 与 C_{GRR} 分别表示 GAR 与 GRR 曲线。由实验可知，令 $r/n=0.3$，当 $\alpha=0.1$，$\beta=1$ 时，可同时获得最优解，此时 $G(\alpha,\beta)=7.8244$。

确定了参数 α 与 β 的求解方式后，通过比较不同维度比 r/n 条件下的 $\max G(\alpha,\beta)$ 值，来最终确定最优的参数 $\alpha,\beta,r/n$。这里，不同参数下获得的 $\max G(\alpha,\beta)$ 值如表 7-1 所示。

表7-1 不同 r/n 下的 $\max G(\alpha,\beta)$ 值

r/n	0.3	0.4	0.5	0.6	0.7
$\max G(\alpha,\beta)$	7.824	**7.926**	7.521	6.246	6.317

由表7-1可以看出,当 $r/n=0.4$ 时,可获得最优 $\max G(\alpha,\beta)$ 值,此时的参数 α 与 β 分别取值 0.1 与 1。而后,可通过公式(7-24)来获得最优阈值 $\hat{\xi}=0.35$。

$$\hat{\xi}=\mathop{\arg\max}_{\xi}\left(\frac{N_s}{N_s+N_d}GAR(\xi,\alpha,\beta)-\frac{N_d}{N_s+N_d}FRR(\xi,\alpha,\beta)\right) \quad (7-24)$$

$$FRR(\xi,\alpha,\beta)=1-GRR(\xi,\alpha,\beta) \quad (7-25)$$

公式(7-25)中,错误拒绝率(False Reject Rate,FRR)由 FRR 表示。

三、算法比较及分析

本实验硬件环境为 PC 机,其中处理器为 Intel Core i5-4460 CPU 3.2GHz,16G 内存;软件环境为 MATLAB 2017b。

确定了模型的参数后,通过 GAR-FAR 曲线,错误接受率由(False Accept Rate,FAR)FAR 表示,与其他降维算法及已有部分车脸识别算法进行性能比较,结果如图7-6和图7-7所示。

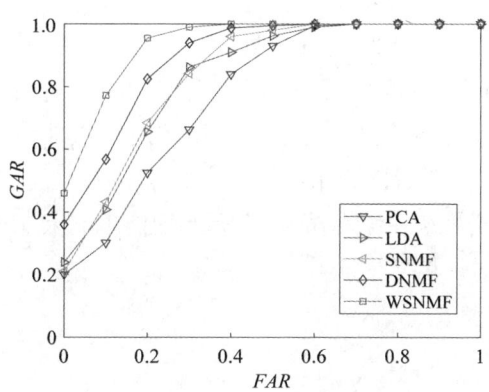

图7-6 不同降维算法的性能曲线

由图7-6与图7-7可以看到,WSNMF 模型相对于其他经典降维算法具有较为明显的性能优势,对 NMF 加以加权稀疏约束与聚类约束是有利于识别的。此外,在识别效果上,也要优于仅仅基于颜色特征的识别算法,验

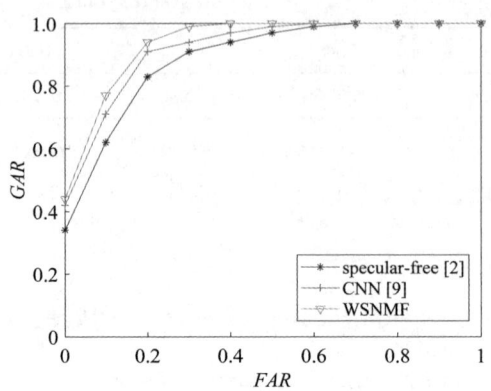

图 7-7 不同识别算法的性能曲线

证了算法的有效性与对于光照变化的鲁棒性。在本实验环境下，识别的平均时间为 0.17s，可以较好地满足识别的实时性要求。

◆◇ 第七节 本章小结

本章针对交通治安卡口车脸图像不同区域存在重要性差异的问题，介绍了卡口的图像特征及降维算法，阐述一种基于改进非负矩阵分解的车脸识别算法。首先，对采集图像进行预处理，获得车脸图像与车牌信息；其次，基于特定光照条件，自适应提取车脸图像的初始特征；而后，针对车脸图像中像素位置的重要性差异，建立了加权稀疏约束非负矩阵分解的特征降维方法；最后，通过判断特征相似性与车牌信息一致性，确定车辆是否合法。实验结果表明该算法在多种光照情况下均能取得良好的识别效果，并且较好地满足了实时性要求。

第八章　基于双正则项加权非负矩阵分解的车脸识别算法

◆ 第一节　概述

为了判断监控摄像机拍摄到的不同图像中的车辆是否代表同一辆车，传统的人工处理方法无法对日益增长的海量图像进行及时处理，而基于计算机视觉的机器学习或人工智能方法对于直接识别车脸图像也存在计算复杂度高、识别率低等问题。一般情况下，交通治安卡口摄像机拍摄的图像集中在车脸区域，车脸图像比整车图像的有效特征较少，给车脸识别带来了一定的困难。因此适用于监控视频图像的车脸识别算法具有重要的意义。

近年来，学者们研究的车辆识别技术主要包括两个方向：基于传统人工特征提取和深度学习。

①传统特征提取与分类。颜色信息作为一种重要的全局特征，在车辆识别中得到了广泛的应用。例如，文献[16]和文献[15]分别从 RGB 和 HSV 颜色空间中提取颜色直方图作为车辆特征，但是在捕获的图像中车辆颜色对光敏感，因此文献[21]引入了无镜面反射图像和加权光影响图像，这使得提取的颜色特征对光照变化更具鲁棒性；除颜色信息外，文献[19]、文献[18]、文献[17]还将车辆的纹理、边缘和形状作为重要的全局特征。随着车型数量的不断增加，不同车型之间的视觉差异也越来越小，因此有必要通过提取局部特征来描述车辆的细节。文献[23]提出了一种多尺度空间模型来描述车辆的局部纹理；同样，利用多尺度理论，文献[22]实现了基于尺度不变特征变换(SIFT)特征的车辆车标识别；对于部分遮挡、姿态或角度变化等非合作因素，文献[26]和文献[30]采用了可变形零件模型

(DPM)和特征描述符，使得识别算法对上述因素具有鲁棒性。此外，为了更好地表现车辆结构，文献[99]和文献[100]在三维空间中对车辆进行了建模。

②基于深度学习的车辆识别。深度学习的原理是通过模拟大脑从浅到深逐层分析图像，提高识别精度[35]。近年来，深度学习在车辆识别中得到了广泛的应用。例如，文献[37]将卷积神经网络 CNN 模型与空间金字塔模型相结合，实现了准确的车身颜色识别；文献[38]和文献[39]分别实现了基于快速区域卷积神经网络(Fast R-CNN)和玻耳兹曼机的车辆识别；此外，深层次神经网络技术也得到了应用。总之，上述深度学习模式在不同程度上取得了一定的效果。

基于上述分析，本章采用非负矩阵分解建立降维算法模型，使用 Fast R-CNN 将捕获的图像分割出车脸区域并归一化，介绍了一种具有双正则约束的非负矩阵分解识别算法。该算法的主要优势在于：①降维算法获得了车标、格栅、车灯等关键区域的特征基图像；②通过对新特征进行类间差异性约束，使图像分类的准确率更高。实验结果表明，改进后的 NMF 方法对车脸实现有效识别，而且算法对于光照变化具有较好的鲁棒性。

◆◇ 第二节　图像特征提取

受监控摄像机安装位置和角度的关系，拍摄到的图像如图 8-1 所示，集中在车辆前部区域。

图 8-1　拍摄的车辆图像

显然，与整车相比，车脸区域包含的特征较少，这给多类别车辆识别带来了一定的困难，因此我们需要更多地关注车脸图像中几个关键区域的特征，如车标、格栅、车灯和后视镜等，可由图 8-2 所示的这些关键区域识别。从以上分析来看，建立这些关键区域的基础图像非常重要，每个车脸图像都可以用基础图像的线性叠加来表示。另外，我们希望在获得一组合适的基础图像的同时，通过分解得到的新特征能够有助于车脸图像的正确识别。

图 8-2 车脸外观及关键区域的关系

如图 8-3 所示，不同摄像机捕获的图像显示降低了基于颜色特征的识别算法的有效性。另外，在标注样本数有限的情况下，基于深度学习的算法也难以取得良好的效果。因此，我们会更加关注具有显著特征的局部区域，如徽标、格栅、车灯和后视镜等。

（a）强光条件下　　　　　　　　　（b）弱光条件下

图 8-3 不同光强下的车身颜色变化

根据图像处理的知识，区域被边缘包围，边缘由方向相似的高频像素构成，因此准确地表示这些像素的频率信息对于原始特征提取至关重要[101]。由于方向梯度直方图 HOG 算法同时考虑了频率和方向特征，因此将 HOG 作为车脸图像的原始特征是合理的。

首先，基于 Fast R-CNN[102]模型从捕获的图像中分割出车脸区域，并归一化为 $N×N$ 像素大小，如图 8-4 所示。

　　（a）捕获的图像　　　　　　（b）车脸分割结果　　　　　（c）图像归一化结果

图 8-4　图像处理

然后，将预处理后的图像分成若干块，每个块的大小为 $M \times M$ 像素，相邻块重叠 T 个像素。结果，可以通过公式（8-1）获得块 k 的数目。

$$k = \left(\left\lfloor \frac{M-N}{N-T} \right\rfloor + 1\right) \times \left(\left\lfloor \frac{M-N}{N-T} \right\rfloor + 1\right) \tag{8-1}$$

在计算梯度方向直方图时，我们选择 t 个角度区间，从而可以得到车辆图像的初始特征 F 维度为 n，这里 $n = k \times t$。

◆ 第三节　基于改进 NMF 的特征降维

对车脸图像进行初始特征提取后，需对其进行降维处理，目的是获得描述图像中若干关键区域的特征基。常用的特征降维方法有主成分分析法 PCA、线性判别分析法 LDA 等[103,104]，分解后矩阵元素可以是正的，也可以是负的。从数学的角度考虑，负值是可以接受的，但对于图像处理问题，负值却缺乏实际意义[105]，如在人脸识别中，人脸图像可以被认为是多幅特征基图像加权叠加得到的。这里，特征基图像像素值与权重值都不可能是负的，因此更适合采用基于 NMF 的降维方法。基于以上分析，这里将采用非负矩阵分解思想来实现特征降维与特征基建立，即给定一个非负矩阵，可将其近似分解成两个非负矩阵 U 与 V 的乘积[106]，如式（8-2）所示：

$$Y_{n \times m} \approx U_{n \times r} V_{r \times m}, \quad \text{s.t.} \quad u_{ki}, v_{ij} \geq 0 \tag{8-2}$$

其中，Y 的所有列向量表示训练样本初始特征，U 的列向量表示特征基向量，V 的列向量表示加权系数向量，分解误差应足够小。进而可获得目标函数，如公式（8-3）所示：

第八章 基于双正则项加权非负矩阵分解的车脸识别算法

$$U^*, V^* = \underset{U, V}{\operatorname{argmin}} \frac{1}{2} \| Y - UV \|_2 \qquad (8-3)$$

为了使分解更利于准确识别,除了非负约束外,还需要在分解中加入适当的约束条件。在这里,我们从以下三个方面来考虑这个问题。

一、特征基加权约束

分解后的基向量可以用来表示车辆的不同区域,在识别过程中这些区域的重要程度是不同的,因此在基向量中加入加权约束是合理的,其中公式(8-3)可以改进为:

$$U^*, Z^*, V^* = \underset{U, V, Z}{\operatorname{argmin}} \frac{1}{2} \| Y - UZV \|_2 \qquad (8-4)$$

式中,Z 为权重矩阵。

二、权重稀疏性约束

车辆识别过程中,通常只有一小部分特征基对图像分类产生重要影响,即能描述车辆关键区域信息的那些特征基。因此,对权重矩阵 Z 加以稀疏性约束是十分有必要的,从而目标函数可改进为:

$$U^*, Z^*, V^* = \left\{ \underset{U, V, Z}{\operatorname{argmin}} \frac{1}{2} \| Y - UZV \|_2 + \frac{\alpha}{2} \| Z \|_0 \right\} \qquad (8-5)$$

根据压缩感知理论[107],矩阵的 0 范数求解是一个 NP 难问题,因此用 2 范数代替 0 范数求解矩阵的稀疏性,公式(8-5)进一步改进为:

$$U^*, Z^*, V^* = \underset{U, V, Z}{\operatorname{argmin}} \left\{ \frac{1}{2} \| Y - UZV \|_2 + \frac{\alpha}{2} \| Z \|_2 \right\} \qquad (8-6)$$

式中 α 是平衡参数。

三、聚类属性约束

根据模式识别理论,具有相同标签的样本的特征应尽可能相似[108, 109]。因此,我们在目标函数中加入类内相似性和类间区分度,最终的目标函数如公式(8-7)所示:

$$U^*, Z^*, V^* = \underset{U, V, Z}{\operatorname{argmin}} \left\{ \frac{1}{2} \| Y - UZV \|_2 + \frac{\alpha}{2} \| Z \|_2 + \frac{\beta}{2} [f_i(V) - f_e(V)] \right\}$$

$$(8-7)$$

式中 β 是除 α 之外的另一个平衡参数，$f_i(V)$ 和 $f_e(V)$ 分别表示类内相似性和类间区分度，可以给出 $f_i(V)$ 和 $f_e(V)$ 的函数形式。其中类内相似性测度函数 $f_i(V)$ 推导过程如下：

给出辅助矩阵 A，如公式(8-8)至公式(8-10)所示：

$$A = \begin{bmatrix} A_1 & & & \\ & A_2 & & \\ & & \ddots & \\ & & & A_c \end{bmatrix}_{m \times m} \quad (8\text{-}8)$$

$$A_i = \begin{bmatrix} \frac{1}{d_i} & \frac{1}{d_i} & \cdots & \frac{1}{d_i} \\ \frac{1}{d_i} & \frac{1}{d_i} & \cdots & \frac{1}{d_i} \\ \vdots & \vdots & & \vdots \\ \frac{1}{d_i} & \frac{1}{d_i} & \cdots & \frac{1}{d_i} \end{bmatrix}_{d_i \times d_i}, \quad i=1,2,\cdots,c \quad (8\text{-}9)$$

$$VA = \begin{bmatrix} \overline{V}_1 & \overline{V}_1 & \cdots & \overline{V}_1 & \overline{V}_2 & \cdots & \overline{V}_c \end{bmatrix}_{m \times n} \quad (8\text{-}10)$$

式中，d_i 为训练样本中第 i 类车辆样本数目，c 为车辆样本类别数目，$\overline{V}_i$ 表示第 i 类车辆样本的平均特征向量。

$$f_i(V) = \|V - VA\|_2 \quad (8\text{-}11)$$

类间差异性测度函数 $f_e(V)$ 推导过程如下：

需要辅助矩阵 B，如公式(8-12)所示：

$$B = \begin{bmatrix} \frac{1}{m} & \frac{1}{m} & \cdots & \frac{1}{m} \\ \frac{1}{m} & \frac{1}{m} & \cdots & \frac{1}{m} \\ \vdots & \vdots & & \vdots \\ \frac{1}{m} & \frac{1}{m} & \cdots & \frac{1}{m} \end{bmatrix}_{m \times m} \quad (8\text{-}12)$$

$$VB = \begin{bmatrix} \overline{V} & \overline{V} & \cdots & \overline{V} \end{bmatrix} \quad (8\text{-}13)$$

这里，$\overline{V}$ 为所有训练样本的平均特征向量。

$$VA - VB = \begin{bmatrix} \overline{V}_1 - \overline{V} & \overline{V}_1 - \overline{V} & \cdots & \overline{V}_1 - \overline{V} & \overline{V}_2 - \overline{V} & \cdots & \overline{V}_c - \overline{V} \end{bmatrix}_{m \times n} \quad (8\text{-}14)$$

$$f_e(V) = \|VA-VB\|_2 \tag{8-15}$$

综上，目标函数公式(8-7)可进一步改进为：

$$U^*, Z^*, V^* = \underset{U,Z,V}{\mathrm{argmin}} J(U, Z, V)$$

$$= \underset{U,Z,V}{\mathrm{argmin}} \frac{1}{2}\|Y-UZV\|_2 + \frac{\alpha}{2}\|Z\|_2 + \frac{\beta}{2}(\|V-VA\|_2 - \|VA-VB\|_2) \tag{8-16}$$

◆ 第四节 基于投影梯度法的目标函数解

为了便于求取偏导数，函数 $J(U, Z, V)$ 可以写成：

$$J(U, V, Z) = \frac{1}{2}\mathrm{tr}[(Y-UZV)^{\mathrm{T}}(Y-UZV)] + \frac{\alpha}{2}\mathrm{tr}Z^{\mathrm{T}}Z +$$

$$\frac{\beta}{2}\left\{\mathrm{tr}[(V-VA)^{\mathrm{T}}(V-VA)] - \mathrm{tr}[(VA-VB)^{\mathrm{T}}(VA-VB)]\right\} \tag{8-17}$$

偏导数如公式(8-18)、公式(8-19)和公式(8-20)所示：

$$\frac{\partial J(U, Z, V)}{\partial U} = -YV^{\mathrm{T}}Z^{\mathrm{T}} + UZVV^{\mathrm{T}}Z^{\mathrm{T}} \tag{8-18}$$

$$\frac{\partial J(U, Z, V)}{\partial Z} = -U^{\mathrm{T}}YV^{\mathrm{T}} + U^{\mathrm{T}}UZVV^{\mathrm{T}} + \alpha Z \tag{8-19}$$

$$\frac{\partial J(U, Z, V)}{\partial V} = -Z^{\mathrm{T}}U^{\mathrm{T}}Y + Z^{\mathrm{T}}U^{\mathrm{T}}UZV + \beta V - \beta VA^{\mathrm{T}} - \beta VA + \beta VAB^{\mathrm{T}} + \beta VBA^{\mathrm{T}} - \beta VBB^{\mathrm{T}} \tag{8-20}$$

然后，根据公式(8-21)、公式(8-22)和公式(8-23)，迭代更新规则，可获取最优参数 U, Z, V：

$$u_{ij} \leftarrow u_{ij} \frac{(YV^{\mathrm{T}}Z^{\mathrm{T}})_{ij}}{(UZVV^{\mathrm{T}}Z^{\mathrm{T}})_{ij}} \tag{8-21}$$

$$z_{ij} \leftarrow z_{ij} \frac{(U^{\mathrm{T}}YV^{\mathrm{T}})_{ij}}{(U^{\mathrm{T}}UZVV^{\mathrm{T}} + \alpha Z)_{ij}} \tag{8-22}$$

$$v_{ij} \leftarrow v_{ij} \frac{(Z^{\mathrm{T}}U^{\mathrm{T}}Y + \beta VA + \beta VA^{\mathrm{T}} + \beta VBB^{\mathrm{T}})_{ij}}{(Z^{\mathrm{T}}U^{\mathrm{T}}UZV + \beta V + \beta VAB^{\mathrm{T}} + \beta VBA^{\mathrm{T}})_{ij}} \tag{8-23}$$

在确定迭代规则后，我们提出的 NMF 模型的训练和识别方法可分别归纳为算法1和算法2。

算法1

输入量：初始特征矩阵 Y，平衡因子 α 与 β。

步骤1：给定初始化矩阵 $U^{(0)}$，$Z^{(0)}$，$V^{(0)}$，矩阵所有元素均在0与1之间，设置最大迭代次数 n_{max}，迭代误差阈值 e，计数器初始化 $t=0$。

步骤2：计数器自增 $t=t+1$。

步骤3：求解 $J(U^{(t)}, Z^{(t)}, V^{(t)})$。

如果 $J(U^{(t)}, Z^{(t)}, V^{(t)}) < e$ 或 $t > n_{max}$，则进入步骤5；否则进入步骤4。

步骤4：对 U 与 V 中所有元素按以下规则进行迭代：

$$u_{ij}^{(t+1)} \leftarrow u_{ij}^{(t)} \frac{[Y(V^{(t)})^T Z^{(t)T}]_{ij}}{[U^{(t)} Z^{(t)} V^{(t)} (V^{(t)})^T (Z^{(t)})^T]_{ij}}$$

$$z_{ij}^{(t+1)} \leftarrow z_{ij}^{(t)} \frac{[(U^{(t)})^T Y (V^{(t)})^T]_{ij}}{[(U^{(t)})^T U^{(t)} Z^{(t)} V^{(t)} (V^{(t)})^T + \alpha Z^{(t)}]_{ij}}$$

$$v_{ij}^{(t+1)} \leftarrow v_{ij}^{(t)} \frac{[Z^{(t)} (U^{(t)})^T Y + \beta V^{(t)} A + \beta V^{(t)} A^T + \beta V^{(t)} BB^T]_{ij}}{[(Z^{(t)})^T (U^{(t)})^T U^{(t)} Z^{(t)} V^{(t)} + \beta V^{(t)} + \beta V^{(t)} BA^T + \beta V^{(t)} AB^T]_{ij}}$$

迭代后进入步骤2。

步骤5：得到最优解 $U^{(*)}$，$Z^{(*)}$，$V^{(*)}$。

结束训练。

算法2

输入量：未知车辆图像初始特征 Y_w，相似度阈值 ζ。

步骤1：计算 $V_w = (Z^{*T} U^{*T} U^* Z^*)^{-1} Z^{*T} U^{*T} Y_w$。

步骤2：

若 $D(V_w, \overline{V}_i) = \max\{D(V_x, \overline{V}_i), i=1, 2, \cdots, s\}$ 并且 $D(V_w, \overline{V}_i) < \zeta$，$Y_w$ 的标签是 i；

否则，数据集中没有 Y_w 的匹配结果。

其中，

$$D(V_i, V_j) = \frac{(V_i, V_j)}{\|V_i\| \cdot \|V_j\|}$$

证明了迭代是收敛的。

第五节 实验结果与分析

一、数据集

本实验数据集中的有效样本及无效样本如图 8-5 所示。在有效样本中,共有 4136 对车辆图像,每一对都代表同一辆车,因此,我们选取这些图像作为正测试样本。另外,选取 5000 对车辆图像作为负测试样本,每对图像代表不同的车辆。

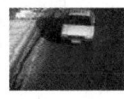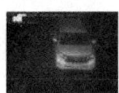

(a)有效样本

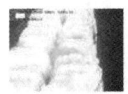

(b)无效样本

图 8-5 数据集中部分样本

二、模型参数的确定

在算法中,一些参数是根据经验确定的,另一些参数是根据实验结果确定。

(1)基于经验的参数

根据其他识别问题的研究经验,该算法可以给出一些参数的经验值。在公式(8-1)中,$N=256$,$M=32$,$T=8$;在公式(8-2)中,训练样本数 $m=6000$;此外,HOG 角度间隔 t 和最大迭代次数 n_{max} 分别设置为 8 和 25000。

(2)基于实验的参数

除上述经验参数外,还有 4 个参数 r、α、β 和 ξ 都需要实验确定,即通过比较不同参数下的识别性能,可以得到使识别效果最佳的最合适参数。

由上述分析可知,根据公式(8-24)确定参数 r、α 和 β 是合理的。

$$r^*, \alpha^*, \beta^* = \underset{r, \alpha, \beta}{\mathrm{argmin}}[F_{far}(r, \alpha, \beta) + F_{frr}(r, \alpha, \beta)] \quad (8-24)$$

式中，$r/n \in \{0.2, 0.3, \cdots, 0.7\}$，$\alpha, \beta \in \{10, 1, 0.1, 0.01\}$，$F_{far}$ 和 F_{frr} 分别代表错误接受率（False Accept Rate，FAR）和错误拒绝率（False Reject Rate，FRR），实验结果如图 8-6 所示。

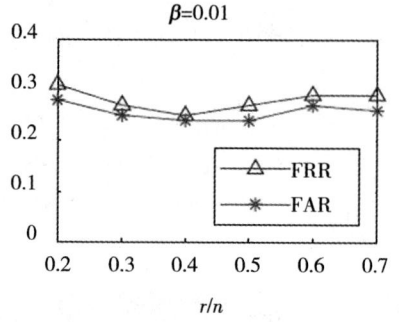

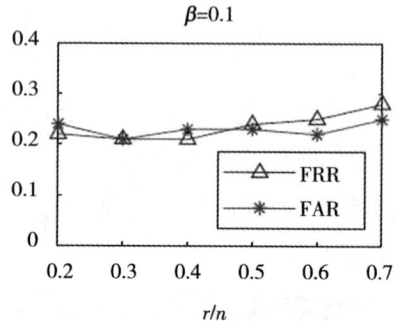

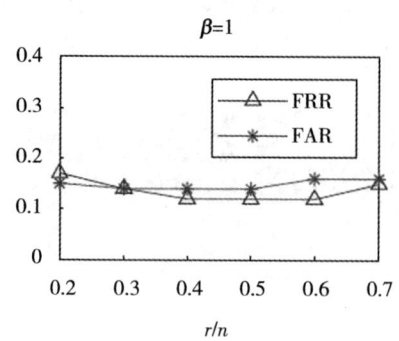

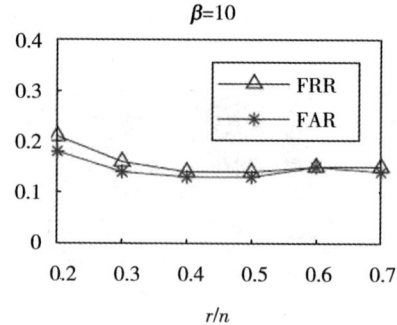

（a）当 $\alpha = 0.01$ 时的识别性能曲线

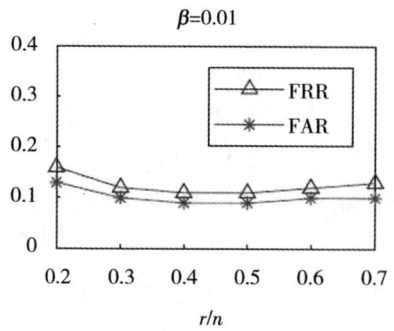

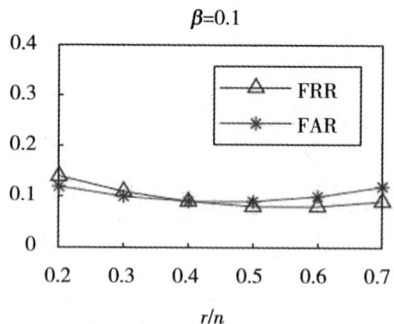

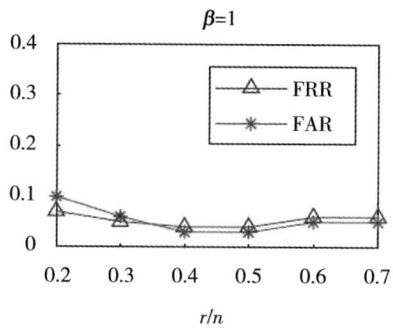
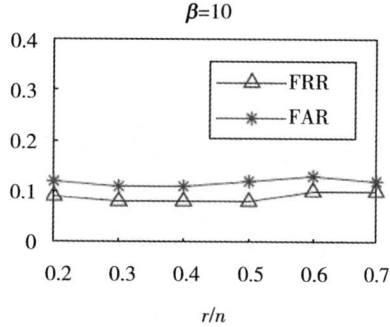

(b)当 $\alpha=0.1$ 时的识别性能曲线

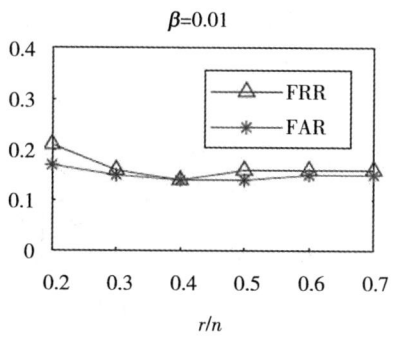
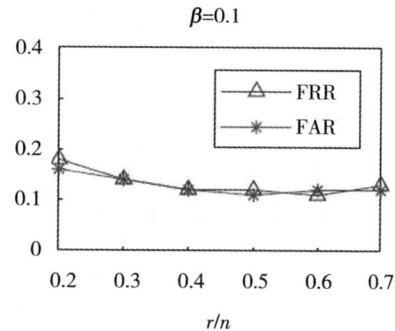

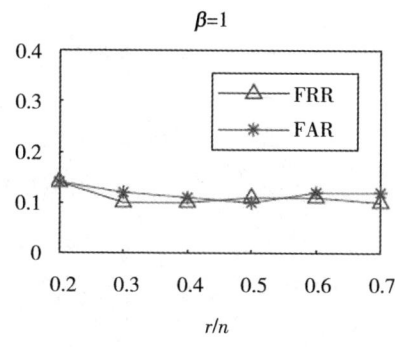
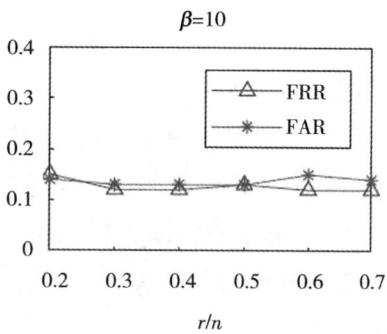

(c)当 $\alpha=1$ 时的识别性能曲线

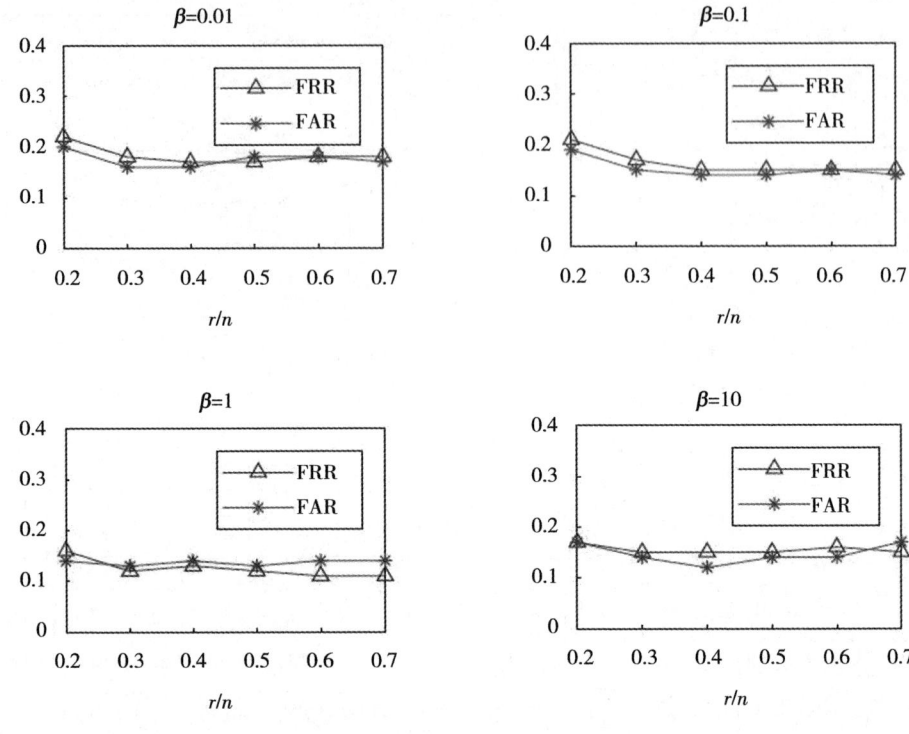

(d) 当 $\alpha=10$ 时的识别性能曲线

图 8-6　不同参数下的识别性能比较

从图 8-6 中可以看出，当 $r=0.4n$，$\alpha=0.1$，$\beta=1$ 时，可以实现最佳识别性能。

与参数 r、α 和 β 不同，相似阈值 ζ 可以由公式(8-25)得到。

$$\zeta = \mathop{\mathrm{argmin}}\limits_{\zeta} \left[G_{gar}(\zeta) - F_{far}(\zeta) \right] \tag{8-25}$$

式中 G_{far} 表示真实接受率(Genuine Accept Rate, GAR)。

如图 8-7 所示，可以看到，当 $\zeta=0.86$ 时，分类效果最佳。

三、算法比较与分析

在确定了算法的所有参数后，我们将该算法与 PCA[110]、LDA[104]、稀疏非负矩阵分解(Sparse Nonnegative Matrix Factorization, SNMF)[111]、判别非负矩阵分解(Discriminant Nonnegative Matrix Factorization, DNMF)[105]、t-SNE(t-distributed Stochastic Neighbor Embedding)[112] 等现有的基于颜色特

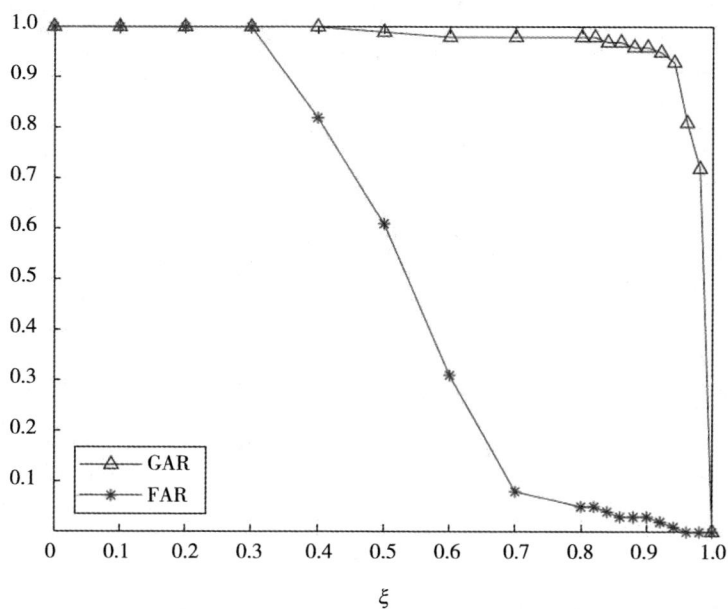

图 8-7 不同阈值下的 GAR 和 FAR 曲线

征[15]、SIFT 特征[22]、3D 模型[100] 和 CNN[36, 38] 的车辆识别算法进行了比较，分别通过 FAR-FRR 曲线表示，其中比较结果如图 8-8 所示。

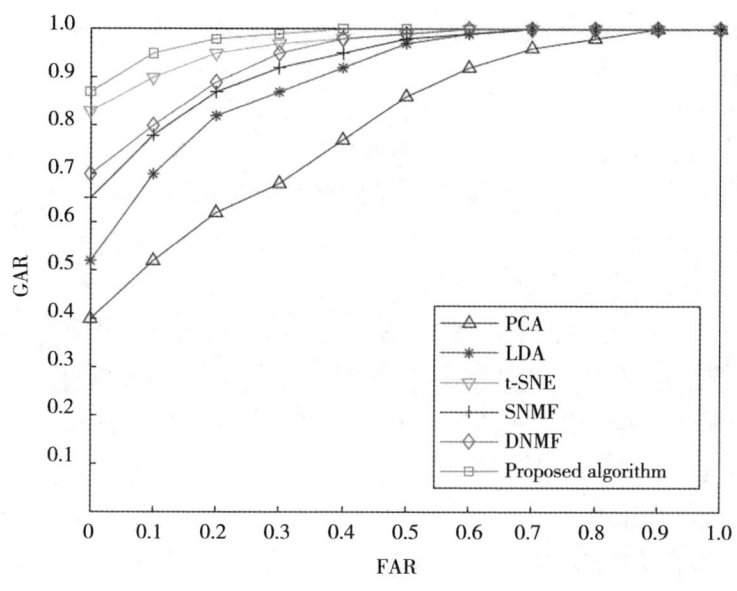

(a) 不同降维方法的性能比较结果

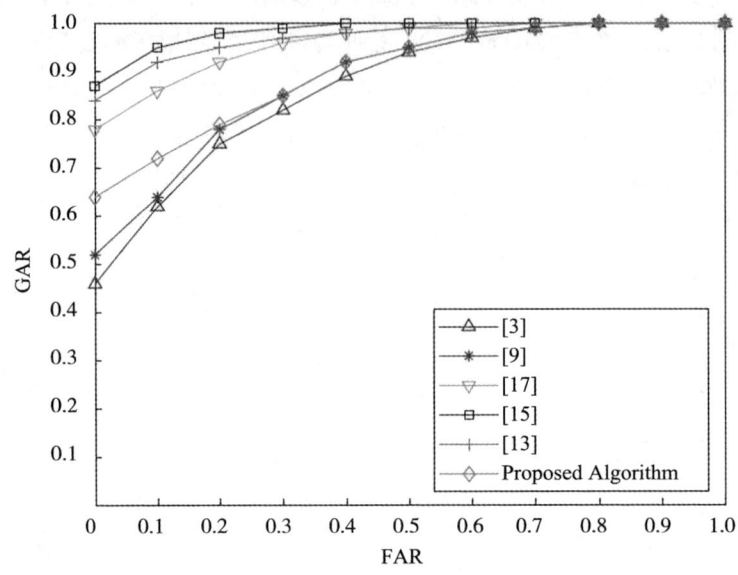

(b) 不同识别算法的性能比较结果

图 8-8　不同算法的性能比较结果

从图 8-8 可以看出，该算法在性能上优于其他算法，主要原因如下：

（1）PCA 属于无监督学习，虽然可以有效地降低特征维数，但对分类的贡献不大，导致识别效果不理想。与 PCA 不同，LDA 属于有监督学习，根据特征的差异进行降维，因此 LDA 的识别效果优于 PCA。从第三节的分析可以看出，NMF 由于其物理意义而得到越来越多的应用，根据模式识别理论，NMF 模型中通常加入稀疏约束和判别约束，可以进一步提高识别效果。另外，t-SNE 是一种非线性降维方法，能够很好地保留车辆图像的局部特征，提高识别效果。该算法根据车脸图像的特点，在 NMF 模型中加入分类属性约束，使特征降维后更有利于识别。

（2）在不同的光照条件下，同一颜色的车辆在拍摄的图像中会出现一定程度的色差，这削弱了基于颜色的识别算法的有效性，也就是说，该算法对光照变化的鲁棒性较弱。车脸图像中的关键点是除颜色外的另一个重要特征，如 SIFT 点，但在一些车脸图像中特征点相对较少，降低了特征的有效性，给识别带来困难。与上述人工提取的特征不同，基于卷积神经网络 CNN 等深度学习方法可以自动提取出更有效的特征。然而，由于数据集中标注的样本数量有限，在模型的训练过程中容易产生过拟合问题，这将极大地影响模型的普适性。由于只提取了车脸区域，因此基于 3D 的特征提取效果不理想。

◆ 第六节　本章小结

本章阐述了针对交通治安卡口车脸图像若干关键区域特征的检测算法。分析了图像特征 HOG 理论及目标分割算法 Fast R-CNN，在 NMF 算法对图像进行降维基础上，介绍了一种具有双正则约束的非负矩阵分解的识别算法。根据关键区域的重要程度，使用加权和权重稀疏性约束方法，使用投影梯度法进行求解获取类间差异性。实验结果表明，通过有限的训练图像，便可以较好地获得表示车脸关键区域的基图像，该算法不仅具有较高的正确识别率且算法对于光照变化等因素具有较强的鲁棒性。

第九章 总结和展望

一、总结

本书围绕车脸识别技术，查阅了大量的国内外相关文献，针对车脸图像增强、车脸图像识别问题逐一展开介绍，并分析了相关算法，主要成果如下：

（1）阐述了一种基于 SqueezeNet 去除高光分量的图像增强算法，该算法能够针对采集图像的高光类别做出准确的判断，并针对不同高光类别分别采用合理的处理方式，从而使增强后的图像具有较好的图像质量。

（2）阐述了一种基于深度可分离卷积神经网络的图像增强算法，该算法能够准确区分车辆图像的低光类别，同样依据不同的低光类别建立了合理的处理模型，使增强后的图像较好地保留有效特征，从而有利于车脸图像的识别。

（3）阐述了一种基于 YOLOv3 的孪生网络车脸识别方法。该孪生网络模型能够通过学习将输入模式映射到潜在的空间，车脸图像区域的差异特征作为最终特征，在取得满意识别率的同时，并较好地满足识别的实时性。

（4）阐述了一种基于加权稀疏约束非负矩阵分解的车脸识别算法，该算法通过对非负矩阵分解后的系数向量加以稀疏性约束与聚类性约束，使提取特征具有良好的类内相似性与重构能力，并在多种光照情况下都能取得良好的识别效果。

（5）阐述了一种具有双正则约束的非负矩阵分解的识别算法，该算法通过非负矩阵分解可以获得车标、格栅、车灯等关键区域的特征基图像，并分别对不同区域依据其重要程度加以不同的权重，该算法在取得较好准确识别率的同时，同样对光照变化等因素具有较好的鲁棒性。

二、展望

本书在车脸识别研究中取得了一定的研究成果,但是仍存在一定的问题有待解决:

(1)虽然介绍的增强算法可以获得质量较好的车脸图像,但对光照的分类仍然不够全面,还存在更多更复杂的天气状况,如雨雪天气、沙尘天气等,在以后的工作中,可以针对这些复杂的外部环境展开进一步的研究。

(2)阐述的识别算法在自建的交通治安卡口监控摄像机图像数据集上能够获得较好的识别效果,但数据集种类显得较为单一,今后的研究中可以收集更多的实验数据集,以验证提出算法的有效性与普适性。

(3)本书主要针对车脸的识别准确率展开了更多的讨论,而关于算法的复杂度与实时性研究较少,对于实际应用来讲,识别速度也是一项重要的评价指标。因此,在今后的工作中有必要围绕算法的实时性展开更多的研究。

参考文献

[1] 徐武,杨印根,周卫东,等.智能交通系统模型的算法分析与改进[J].计算机技术与发展,2006(12):162-165.

[2] 赵娜,袁家斌,徐晗.智能交通系统综述[J].计算机科学,2014,41(11):7-11.

[3] SHI C,WU C.Vehicle face recognition algorithm based on weighted nonnegative matrix factorization with double regularization terms[J].KSII transactions on internet and information systems(TIIS),2020,14(5):2171-2185.

[4] SHI C H,WU C D.Vehicle face recognition algorithm based on weighted and sparse nonnegative matrix factorization[J].Journal of northeastern university(Natural science),2019,40(10):1376.

[5] LA H M,LIM R S,DU J,et al.Development of a small-scale research platform for intelligent transportation systems[J].IEEE transactions on intelligent transportation systems,2012,13(4):1753-1762.

[6] LUO Q.Research on intelligent transportation system technologies and applications[C]//2008 Workshop on Power Electronics and Intelligent Transportation System.USA:IEEE,2008:529-531.

[7] YAN X,ZHANG H,WU C.Research and development of intelligent transportation systems[C]//2012 11th International Symposium on Distributed Computing and Applications to Business, Engineering & Science.USA:IEEE,2012:321-327.

[8] 张健雄,张进,戴志超.基于压力传感器阵列的车型分类系统[J].公路交通科技,2006(7):125-129.

[9] URAZGHILDIIEV I,RAGNARSSON R,RIDDERSTROM P,et al.Vehicle classification based on the radar measurement of height profiles[J].IEEE

transactions on intelligent transportation systems,2007,8(2):245-253.

[10] MATTHEWS N,AN P,CHARNLEY D,et al.Vehicle detection and recognition in greyscale imagery[J].Control engineering practice,1996,4(4):473-479.

[11] SIDLA O,PALETTA L,LYPETSKYY Y,et al.Vehicle recognition for highway lane survey[C]//The 7th International IEEE Conference on Intelligent Transportation Systems.USA:IEEE,2004:531-536.

[12] SCHNEIDERMAN H,KANADE T.A statistical method for 3D object detection applied to faces and cars[C]//Proceedings IEEE Conference on Computer Vision and Pattern Recognition CVPR 2000.USA:IEEE,2000:746-751.

[13] SUN Z,BEBIS G,MILLER R.On-road vehicle detection using Gabor filters and support vector machines[C]//14th International Conference on Digital Signal Processing Proceedings DSP 2002.USA:IEEE,2002:1019-1022.

[14] 马蓓,张乐.基于纹理特征的汽车车型识别[J].电子科技,2010,23(2):94-97.

[15] KIM K J,PARK S M,CHOI Y J.Deciding the number of color histogram bins for vehicle color recognition[C]//2008 IEEE Asia-Pacific Services Computing Conference.USA:IEEE.DOI:10.1109/APSCC.2008:207.

[16] BAEK N,PARK S M,KIM K J,et al.Vehicle color classification based on the support vector machine method[C]//proceedings of the Advanced Intelligent Computing Theories and Applications With Aspects of Contemporary Intelligent Computing Techniques:Third International Conference on Intelligent Computing,ICIC 2007.China:Springer,2007:1133-1139.

[17] ZHANG B.Reliable classification of vehicle types based on cascade classifier ensembles[J].IEEE transactions on intelligent transportation systems,2012,14(1):322-332.

[18] NEGRI P,CLADY X,MILGRAM M,et al.An oriented-contour point based voting algorithm for vehicle type classification[C]//18th International Conference on Pattern Recognition (ICPR´06).USA:IEEE,2006:574-577.

[19] CHEN P, BAI X, LIU W. Vehicle color recognition on urban road by feature context[J]. IEEE transactions on intelligent transportation systems, 2014, 15(5): 2340-2346.

[20] DULE E, GÖKMEN M, BERATOĞLU M S. A convenient feature vector construction for vehicle color recognition[C]//Proceedings of the Proceedings of the 11th WSEAS international conference on nural networks and 11th WSEAS international conference on evolutionary computing and 11th WSEAS international conference on Fuzzy systems. USA: World Scientific and Engineering Academy and Society, 2010: 250-255.

[21] HU W, YANG J, BAI L, et al. A new approach for vehicle color recognition based on specular-free image[C]//Sixth International Conference on Machine Vision (ICMV 2013). UK: SPIE, 2013: 9067-9075.

[22] PSYLLOS A P, ANAGNOSTOPOULOS C-N E, KAYAFAS E. Vehicle logo recognition using a sift-based enhanced matching scheme[J]. IEEE transactions on intelligent transportation systems, 2010, 11(2): 322-328.

[23] LAM W W L, PANG C C C, YUNG N H C. Vehicle-component identification based on multiscale textural couriers[J]. IEEE Transactions on intelligent transportation systems, 2007, 8(4): 681-694.

[24] CSURKA G, DANCE C, FAN L, et al. Visual categorization with bags of key points[C]//Workshop on statistical learning in computer vision, ECCV. USA: Prague, 2004: 1-16.

[25] BEHLEY J, STEINHAGE V, CREMERS A B. Laser-based segment classification using a mixture of bag-of-words[C]//2013 IEEE/RSJ International Conference on Intelligent Robots and Systems. USA: IEEE, 2013: 4195-4200.

[26] LI L J, SU H, LI F F, et al. Object bank: A high-level image representation for scene classification & semantic feature sparsification[J]. Advances in neural information processing systems, 2010, 23: 1378-1386.

[27] LAZEBNIK S, SCHMID C, PONCE J. Beyond bags of features: Spatial pyramid matching for recognizing natural scene categories[C]//2006 IEEE computer society conference on computer vision and pattern recognition. USA: IEEE, 2006: 2169-2178.

[28] FELZENSZWALB P F, GIRSHICK R B, MCALLESTER D, et al. Object detection with discriminatively trained part-based models[J]. IEEE transactions on pattern analysis and machine intelligence, 2009, 32(9): 1627-1645.

[29] LI B, WU T, ZHU S C. Integrating context and occlusion for car detection by hierarchical and-or model[C]//Computer Vision – ECCV 2014: 13th European Conference. Zurich: Springer, 2014: 652-667.

[30] ZHANG N, FARRELL R, IANDOLA F, et al. Deformable part descriptors for fine-grained recognition and attribute prediction[C]//Proceedings of the IEEE International Conference on Computer Vision. USA: IEEE, 2013: 729-736.

[31] HUANG Y, LIU Q, METAXAS D N. A component-based framework for generalized face alignment[J]. IEEE transactions on systems, man, and cybernetics, part B(cybernetics), 2010, 41(1): 287-298.

[32] LE V, BRANDT J, LIN Z, et al. Interactive facial feature localization [C]//Computer Vision – ECCV 2012: 12th European Conference on Computer Vision. Italy: Springer, 2012: 679-692.

[33] 李玉鉴, 张婷, 胡海鹤. 基于多层感知器的深度核映射支持向量机[J]. 北京工业大学学报, 2016, 42(11): 1652-1661.

[34] 李微, 乔俊飞. 基于递归聚类与相似性的模糊神经网络结构设计[J]. 北京工业大学学报, 2017, 43(2): 210-216.

[35] LECUN Y, BENGIO Y, HINTON G. Deep learning[J]. Nature, 2015, 521(7553): 436-444.

[36] ZHANG Q, ZHUO L, LI J, et al. Vehicle color recognition using multiple-layer feature representations of lightweight convolutional neural network [J]. Signal processing, 2018, 147: 146-153.

[37] HU C, BAI X, QI L, et al. Vehicle color recognition with spatial pyramid deep learning[J]. IEEE transactions on intelligent transportation systems, 2015, 16(5): 2925-2934.

[38] LIU M, YU C, LING H, et al. Hierarchical joint CNN-based models for fine-grained cars recognition[C]//Cloud Computing and Security: Second International Conference. Italy: Springer, 2016: 337-347.

[39] HU A, LI H, ZHANG F, et al. Deep Boltzmann machines based vehicle recognition [C]//The 26th Chinese Control and Decision Conference. USA: IEEE, 2014: 3033-3038.

[40] WU Y-Y, TSAI C-M. Pedestrian, bike, motorcycle, and vehicle classification via deep learning: Deep belief network and small training set [C]// 2016 International Conference on Applied System Innovation (ICASI). USA: IEEE, 2016: 1-4.

[41] WANG H, CAI Y, CHEN L. A vehicle detection algorithm based on deep belief network [J]. The scientific world journal, 2014 (1): 647380-647387.

[42] 姜谊. 车牌检测及汽车类型分类方法研究 [D]. 上海: 上海交通大学, 2010.

[43] 文学志, 方巍, 郑钰辉. 一种基于类 Haar 特征和改进 AdaBoost 分类器的车辆识别算法 [J]. 电子学报, 2011, 39 (5): 1121-1126.

[44] 李欣昊. 智能交通系统中车辆检测关键技术研究 [D]. 长春: 吉林大学, 2011.

[45] 张红兵, 李海林, 黄晓婷, 等. 基于车前脸 HOG 特征的车型识别方法研究与实现 [J]. 计算机仿真, 2015, 32 (12): 119-123.

[46] 邓柳, 汪子杰. 基于深度卷积神经网络的车型识别研究 [J]. 计算机应用研究, 2016, 33 (3): 930-932.

[47] 彭清, 季桂树, 谢林江, 等. 卷积神经网络在车辆识别中的应用 [J]. 计算机科学与探索, 2018, 12 (2): 282-291.

[48] ARUNMOZHI A, PARK J. Comparison of HOG, LBP and Haar-like features for on-road vehicle detection [C]//Proceedings of the 2018 IEEE International Conference on Electro/Information Technology (EIT). USA: IEEE, 2018: 362-367.

[49] IANDOLA F N, HAN S, MOSKEWICZ M W, et al. SqueezeNet: AlexNet-level accuracy with 50x fewer parameters and < 0.5 MB model size [J]. arXiv preprint arXiv: 1602.07360, 2016.

[50] ABDELMONEIM S M, KAYED M, TAIE S A. A comparative study for feature extraction and classification of images [C]//2019 6th International Conference on Advanced Control Circuits and Systems (ACCS) & 2019

5th International Conference on New Paradigms in Electronics & information Technology (PEIT). USA: IEEE, 2019: 105-110.

[51] MAN W, JI Y, ZHANG Z. Image classification based on improved random forest algorithm[C]//2018 IEEE 3rd International Conference on Cloud Computing and Big Data Analysis (ICCCBDA). USA: IEEE, 2018: 346-350.

[52] CIOCCA G, CUSANO C, SCHETTINI R. Image orientation detection using LBP-based features and logistic regression[J]. Multimedia tools and applications, 2015, 74: 3013-3034.

[53] LECUN Y. LeNet-5, convolutional neural networks[EB/OL]. (2015-09-15)[2025-04-20]. http://yann lecun com/exdb/lenet.

[54] ZHANG X, Ng R, CHEN Q. Single image reflection separation with perceptual losses[C]//Proceedings of the IEEE conference on computer vision and pattern recognition. USA: IEEE, 2018: 4786-4794.

[55] FENG Y, FENG Z, HUANG J, et al. The research and implementation of light compensation algorithm in color facial image[C]//2011 International Conference on Electrical and Control Engineering. USA: IEEE, 2011: 2758-2761.

[56] WANG Z, BOVIK A C, SHEIKH H R, et al. Image quality assessment: from error visibility to structural similarity[J]. IEEE transactions on image processing, 2004, 13(4): 600-612.

[57] ESTéVEZ P A, TESMER M, PEREZ C A, et al. Normalized mutual information feature selection[J]. IEEE Transactions on neural networks, 2009, 20(2): 189-201.

[58] YANG S, ZHANG J, BO C, et al. Fast vehicle logo detection in complex scenes[J]. Optics & laser technology, 2019, 110: 196-201.

[59] AL-SHEMARRY M S, LI Y, ABDULLA S. An efficient texture descriptor for the detection of license plates from vehicle images in difficult conditions[J]. IEEE transactions on intelligent transportation systems, 2019, 21(2): 553-564.

[60] YONETSU S, IWAMOTO Y, CHEN Y W. Two-stage YOLOv2 for accurate license-plate detection in complex scenes[C]//2019 IEEE International

Conference on Consumer Electronics(ICCE).USA:IEEE,2019:1-4.

[61] SALAU A O,YESUFU T K,OGUNDARE B S.Vehicle plate number localization using a modified GrabCut algorithm[J].Journal of King Saud university-computer and information sciences,2021,33(4):399-407.

[62] SOON F C,KHAW H Y,CHUAH J H,et al.Vehicle logo recognition using whitening transformation and deep learning[J].Signal,image and video processing,2019,13:111-119.

[63] MEYER H K,ROBERTS E M,RAPP H T,et al.Spatial patterns of arctic sponge ground fauna and demersal fish are detectable in autonomous underwater vehicle(AUV)imagery[J].Deep sea research part I:oceanographic research papers,2019,153:103137.

[64] KIM J B.Efficient vehicle detection and distance estimation based on aggregated channel features and inverse perspective mapping from a single camera[J].Symmetry,2019,11(10):1205-1215.

[65] XIAOCHU W,GUIJIN T,XIAOHUA L,et al.Low-light color image enhancement based on NSST[J].中国邮电高校学报(英文),2019,26(5):41.

[66] SELMI Z,HALIMA M B,PAL U,et al.DELP-DAR system for license plate detection and recognition[J].Pattern recognition letters,2020,129:213-223.

[67] RAWAT W,WANG Z.Deep convolutional neural networks for image classification:A comprehensive review[J].Neural computation,2017,29(9):2352-2449.

[68] HOWARD A G,ZHU M,CHEN B,et al.Mobilenets:Efficient convolutional neural networks for mobile vision applications[DB/OL].(2017-04-17)[2025-04-20].https://arxiv.org/pdf/1704.04861.

[69] SUN J,XIAO Z,XIE Y.Automatic multi-fault recognition in TFDS based on convolutional neural network[J].Neurocomputing,2017,222:127-136.

[70] KIM J-Y,KIM L-S,HWANG S-H.An advanced contrast enhancement using partially overlapped sub-block histogram equalization[J].IEEE transactions on circuits and systems for video technology,2001,11(4):

475-484.

[71] JOSHI G D, SIVASWAMY J.Colour retinal image enhancement based on domain knowledge[C]//2008 Sixth Indian Conference on Computer Vision, Graphics & Image Processing.USA: IEEE,2008:591-598.

[72] FAYAD L M, JIN Y, LAINE A F, et al.Chest CT window settings with multiscale adaptive histogram equalization: pilot study [J]. Radiology, 2002,223(3):845-852.

[73] YAMASHINA H, FUKUSHIMA K, KANO H.White balance in inspection systems with a neural network[J].Computer integrated manufacturing systems,1996,9(1):3-8.

[74] LI J, WANG X X, LIU H.Auto white balance algorithm in digital camera [J].Applied mechanics and materials,2012,182:2080-2084.

[75] THANH D N, HUE N M, PRASATH V S.Single image dehazing based on adaptive histogram equalization and linearization of gamma correction [C]//2019 25th Asia-Pacific Conference on Communications (APCC). USA: IEEE,2019:36-40.

[76] SANCHEZ R O, FLORES C, HOROWITZ R, et al.Vehicle re-identification using wireless magnetic sensors: Algorithm revision, modifications and performance analysis[C]//Proceedings of 2011 IEEE International Conference on Vehicular Electronics and Safety.USA: IEEE,2011:226-231.

[77] WU H, MENDEL J M.Classifier designs for binary classifications of ground vehicles[C]//Unattended Ground Sensor Technologies and Applications.USA: SPIE,2003:122-133.

[78] ERNST J M, KROGMEIER J V, BULLOCK D M.Non-linear compensation of vehicle signatures captured from electromagnetic sensors with application to vehicle re-identification[C]//13th International IEEE Conference on Intelligent Transportation Systems.USA: IEEE,2010:923-928.

[79] KRIZHEVSKY A, SUTSKEVER I, HINTON G.ImageNet classification with deep convolutional neural networks[C]//Advances in Neural Information Processing Systems 25.USA: Curran Associates Inc.DOI:10.1145/3065386.

[80] HE K, ZHANG X, REN S, et al.Deep residual learning for image recogni-

tion[C]//proceedings of the Proceedings of the IEEE conference on computer vision and pattern recognition.USA:IEEE,2016:770-778.

[81] SIMONYAN K,ZISSERMAN A.Very deep convolutional networks for large-scale image recognition[DB/OL].(2015-04-10)[2025-04-20].https://arxiv.org/pdf/1409.1556.

[82] EL-KHOREBY M A,ABU-BAKAR S A R.Vehicle detection and counting for complex weather conditions[C]//2017 IEEE International Conference on Signal and Image Processing Applications (ICSIPA).USA:IEEE,2017:425-428.

[83] MAQBOOL S,KHAN M,TAHIR J,et al.Vehicle detection,tracking and counting[C]//2018 IEEE 3rd International Conference on Signal and Image Processing (ICSIP).USA:IEEE,2018:126-132.

[84] YANG X,LANG C,PENG P,et al.Vehicle re-identification by multigrain Learning[C]//2019 IEEE International Conference on Image Processing (ICIP).USA:IEEE,2019:3113-3117.

[85] SHI C,WU C,GAO Y.Research on image adaptive enhancement algorithm under low light in license plate recognition system[J].Symmetry,2020,12(9):1552-1565.

[86] ADU-GYAMFI Y O,ASARE S K,SHARMA A,et al.Automated vehicle recognition with deep convolutional neural networks[J].Transportation research record,2017,2645(1):113-122.

[87] GRUDZIEN A,KOWALSKI M,PALKA N.Face re-identification in thermal infrared spectrum based on ThermalFaceNet neural network[C]//2018 22nd International Microwave and Radar Conference (MIKON).USA:IEEE,2018:179-180.

[88] REDMON J,DIVVALA S,GIRSHICK R,et al.You only look once:Unified,real-time object detection[C]/Proceedings of the IEEE conference on computer vision and pattern recognition.USA:IEEE,2016:779-788.

[89] 张强,李嘉锋,卓力.车辆识别技术综述[J].北京工业大学学报,2018,44(3):382-392.

[90] RACHMADI R F,PURNAMA I.Vehicle color recognition using convolutional neural network[DB/OL].(2018-08-15)[2025-04-20].https://

arxiv.org/pdf/1510.07391.

[91] YANG L, LUO P, CHANGE LOY C, et al. A large-scale car dataset for fine-grained categorization and verification[C]//Proceedings of the Proceedings of the IEEE Conference on Computer Vision and Pattern Recognition. USA: IEEE, 2015: 3973-3981.

[92] NAIKAL N, YANG A Y, SASTRY S S. Informative feature selection for object recognition via sparse PCA[C]//Proceedings of the 2011 International Conference on Computer Vision. USA: IEEE, 2011: 818-825.

[93] WU L, SHEN C, VAN DEN HENGEL A. Deep linear discriminant analysis on fisher networks: A hybrid architecture for person re-identification [J]. Pattern recognition, 2017, 65: 238-250.

[94] GAWEHNS D, WILDERJANS T, PUTTEN C. The statistical analysis of neuronal data: Comparing algorithms for independent component analysis [J]. Isme journal, 2016, 2(7): 317-336.

[95] CHEN S-B, WANG J, LIU C-Y, et al. Two-dimensional discriminant locality preserving projection based on $\ell 1$-norm maximization[J]. Pattern recognition letters, 2017, 87: 147-154.

[96] 吴成东, 樊玉泉, 张云洲, 等. 基于改进 KPCA 算法的车牌字符识别方法[J]. 东北大学学报(自然科学版), 2008(5): 629-632.

[97] LEE D D, SEUNG H S. Learning the parts of objects by non-negative matrix factorization[J]. Nature, 1999, 401(6755): 788-791.

[98] LIU Q. Kernel local sparse representation based classifier[J]. Neural processing letters, 2016, 43(1): 85-95.

[99] LEOTTA M J, MUNDY J L. Vehicle surveillance with a generic, adaptive, 3d vehicle model[J]. IEEE transactions on pattern analysis and machine intelligence, 2010, 33(7): 1457-1469.

[100] YEBES J J, BERGASA L M, GARCíA-GARRIDO M Á. Visual object recognition with 3D-aware features in KITTI urban scenes[J]. Sensors, 2015, 15(4): 9228-9250.

[101] LIU Z, LAI Z, OU W, et al. Structured optimal graph based sparse feature extraction for semi-supervised learning[J]. Signal processing, 2020,

170:107456-107457.

[102] REN S, HE K, GIRSHICK R, et al. Faster R-CNN: Towards real-time object detection with region proposal networks[J]. IEEE transactions on pattern analysis and machine intelligence, 2016, 39(6):1137-1149.

[103] SHARMA A, PALIWAL K K, ONWUBOLU G C. Class-dependent PCA, MDC and LDA: A combined classifier for pattern classification[J]. Pattern recognition, 2006, 39(7):1215-1229.

[104] LIU Z, WANG J, LIU G, et al. Discriminative low-rank preserving projection for dimensionality reduction[J]. Applied soft computing, 2019, 85:105768-105779.

[105] SUN J, CAI X, SUN F, et al. Dual graph-regularized constrained nonnegative matrix factorization for image clustering[J]. KSII transactions on internet and information systems(TIIS), 2017, 11(5):2607-2627.

[106] WAN M, LAI Z, MING Z, et al. An improve face representation and recognition method based on graph regularized non-negative matrix factorization[J]. Multimedia tools and applications, 2019, 78:22109-22126.

[107] DONOHO D L. Compressed sensing[J]. IEEE transactions on information theory, 2006, 52(4):1289-1306.

[108] WAN M, LI M, YANG G, et al. Feature extraction using two-dimensional maximum embedding difference[J]. Information sciences, 2014, 274:55-69.

[109] WAN M, LAI Z, YANG G, et al. Local graph embedding based on maximum margin criterion via fuzzy set[J]. Fuzzy sets and systems, 2017, 318:120-131.

[110] TANG Y, ZHANG C, GU R, et al. Vehicle detection and recognition for intelligent traffic surveillance system[J]. Multimedia tools and applications, 2017, 76:5817-5832.

[111] ESPOSITO F, GILLIS N, DEL BUONO N. Orthogonal joint sparse NMF for microarray data analysis[J]. Journal of mathematical biology, 2019, 79:223-247.

[112] HAJDERANJ L, WEHELIYE I, CHEN D. A new supervised t-SNE with

dissimilarity measure for effective data visualization and classification [C]//Proceedings of the 8th international conference on software and information engineering. USA：Association for Computing Machinery, 2019：232-236.